AF347226

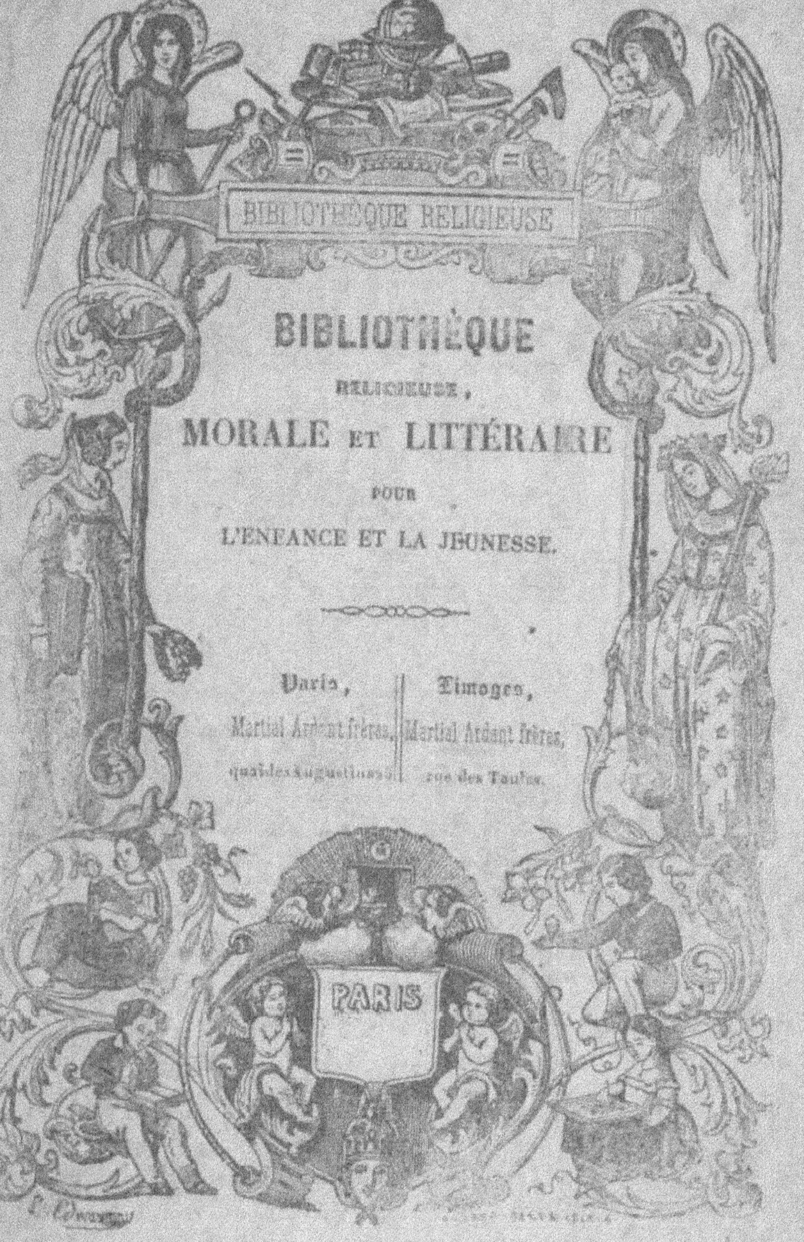

BIBLIOTHÈQUE

RELIGIEUSE,

MORALE ET LITTÉRAIRE

POUR

L'ENFANCE ET LA JEUNESSE.

Paris, | Limoges,
Martial Ardant frères, | Martial Ardant frères,
quai des Augustins. | rue des Taules.

Bibliothèque Religieuse, Morale, Littéraire,

POUR L'ENFANCE ET LA JEUNESSE,

Publiée avec Approbation

DE MGR. L'ARCHEVÊQUE DE BORDEAUX,

DIRIGÉE

PAR M. L'ABBÉ ROUSIER,

Directeur de l'œuvre des bons livres, aumônier du Lycée
de Limoges.

Les œuvres de Dieu

DE
L'UTILITÉ DES CHOSES,
OU
PREMIÈRES LEÇONS.

PARIS

MARTIAL ARDANT FRÈRES,

1854.

DE
L'UTILITÉ DES CHOSES,

OU

PREMIÈRES LEÇONS.

LIBRAIRIE DES BONS LIVRES.

Paris

MARTIAL ARDANT FRÈRES

QUAI DES AUGUSTINS
45
et à Limoges, même Maison.

1854.

DE

L'UTILITÉ DES CHOSES

PREMIÈRES LEÇONS

AUX ENFANS QUI COMMENCENT A LIRE

Par Ch. DELATTRE

Directeur d'une maison d'éducation à Fontenay-aux-
Roses.

LIBRAIRIE DES BONS LIVRES.

Paris,	**Limoges,**
Chez Martial Ardant frères,	Chez Martial Ardant frères,
quai des Augustins, 25.	rue des Taules.

1854.

L'UTILITÉ DES CHOSES

PREMIÈRE PARTIE.

L'OEUVRE DE LA CRÉATION.

Dieu. — De la religion.

Mes aimables petits amis, les premières difficultés des longs travaux que nécessite votre instruction sont vaincues; vous savez lire, et c'est déjà posséder un grand art que celui de la lecture, car il est la clef de toutes les connaissances. Sans la lecture vous ne pouvez rien apprendre; par elle, toutes les sources de la science vous sont ouvertes.

Appliquez-vous donc avec ardeur, perfectionnez-vous dans cet art, lisez, lisez beaucoup. Mais que ce ne soit pas des livres futiles, de ces livres où il n'est question que d'êtres imaginaires, de fées, de génies; ouvrages qui vous trompent, qui corrompent votre jugement. Lisez des livres capables de vous faire connaître les choses telles qu'elles sont et sous leur

véritable aspect; vous y trouverez des récits plus merveilleux encore que ceux des
contes; ils vous parleront du
grand œuvre de Dieu, de
l'univers.

Eh! mes amis, savez-vous
ce que c'est que Dieu?

Dieu, c'est l'auteur, le
créateur de tout ce qui existe.
La terre que vous habitez,
les arbres au feuillage magnifique, dont l'ombrage verse
sur vos jeunes fronts une
salutaire fraîcheur, pendant
les heures ardentes de l'été;
les fleurs aux brillantes couleurs, au parfum si suave;
les fruits savoureux; le blé,

dont on fait votre pain ; l'infatigable cheval, le bœuf patient, la vache et la chèvre qui vous donnent le lait, liqueur si douce ; la brebis, dont la laine fournit vos vêtemens ; le chien, compagnon fidèle de vos jeux ; les oiseaux au ramage harmonieux, au plumage aussi varié que riche ; les pierres, les marbres, l'or, l'argent, le fer ; l'éclatant soleil, la lune à la pâle lumière ; les étoiles étincelantes, c'est Dieu qui a créé, c'est-à-dire qui a fait tout cela.

Dieu est éternel : il a toujours existé, il existera toujours, c'est par lui que les autres êtres existent, il a tout fait, tout créé d'un seul mot. Sa bonté est infinie ; il aime jusqu'aux plus petites de ses créatures, et en prend le plus grand soin. Dieu, en retour des biens qu'il nous donne continuellement, demande que nous l'aimions ; et ne serions-nous pas des ingrats dignes du plus souverain mépris, si nous n'avions ni amour ni reconnaissance pour un père aussi plein de tendresse ! L'amour de Dieu, l'obéissance à ses ordres, la manière dont nous devons lui adresser nos

prières, constitue la religion.
Tout ce que Dieu commande
aux hommes, tout ce qu'il a
fait pour eux, et les principes
de la religion, nous sont
enseignés par ses ministres,
qui sont les prêtres. Chaque
enfant doit adresser à Dieu
ses prières, le matin, lorqu'il
se lève; il doit implorer sa
divine protection pour tous
les instans de sa vie; le soir,
dans une autre prière, il faut
que l'enfant le remercie des
bienfaits dont il a été comblé
pendant la journée, et qu'il
le prie d'écarter les dangers
du berceau où il sommeille.
L'enfant qui aime Dieu, qui

le prie avec ferveur, saura toujours être bon, aimable, doux, et mériter l'estime de tout le monde.

DE LA TERRE.

La Terre est l'habitation que l'Eternel a préparée pour être la demeure de l'homme, et sur laquelle il a déployé tout le luxe de ses bienfaits; il l'a créée fertile, afin qu'elle pût nourrir ses habitans; il l'a créée ornée de tout ce qui peut l'embellir, afin que l'homme pût s'y plaire; il l'a remplie de merveilles, pour que l'homme, en les voyant, se pénétrât de reconnaissance.

Cette terre est un globe suspendu dans les cieux, qui tourne autour du soleil pour que toutes les parties en soient successivement échauffées et éclairées.

Vous comprenez bien, mes enfans, ce que c'est qu'un globe : c'est un corps arrondi ressemblant au ballon que vous aimez tant à faire rebondir.

La terre étant suspendue dans les cieux doit être semblable à ces corps lumineux qui brillent pendant la nuit. Il faut que vous sachiez que ces corps sont de deux sortes,

les étoiles ou soleils, et les
planètes.

Les étoiles sont des globes
lumineux par eux-mêmes,
les planètes, nom qui signifie
globes errans, sont des corps
qui reçoivent du soleil la
lumière qui les éclaire. Lorsque l'Eternel fit la terre, elle
n'avait pas l'aspect que nous
lui voyons aujourd'hui, parce
qu'elle devait subir différentes
révolutions afin de devenir
capable de recevoir l'homme.
D'abord elle fut toute brûlante et composée de matières fondues et réduites en
vapeur par la chaleur : ce
premier état avait pour but

de lui donner sa forme ; car les corps liquides, et ceux qui sont réduits en vapeur, peuvent seuls prendre la forme d'un globe en tournant sur eux-mêmes, comme tourne votre toupie ; or vous saurez que la terre tourne ainsi.

Cette forme de globe, c'est ce que l'on nomme une sphère ; et l'on appelle sphéroïde un globe qui n'est pas tout-à-fait rond. La terre est un sphéroïde, parce qu'elle est aplatie sur deux points opposés qui sont ses pôles, et plus large tout autour de son milieu appelé ÉQUATEUR, c'est-à-dire égal, parce qu'il est juste à la même distance des deux pôles.

. Quand la terre eut reçu sa forme, elle se refroidit peu à peu à sa surface qui devint dure et solide ; alors les vapeurs qui entouraient le globe n'étant plus assez chaudes, tombèrent sur cette surface et l'entourèrent ; il y eut une vaste mer qui couvrit la terre entière. Les eaux de cette mer contenaient de la chaux et un grand nombre de matières dissoutes, comme l'eau sucrée contient du sucre ; mais ces matières se séparèrent peu à peu de l'eau,

se déposèrent et augmentè-
rent l'épaisseur de la surface
solide. Cependant, au-dessous
de cette croûte dure, était
une énorme masse de liquide
brûlant dont l'agitation sou-
levait d'un côté la croûte
pour en faire des montagnes,
et la faisait enfoncer d'un
autre, la transformait en
bassin, et les eaux de la
grande mer, s'y réunissant,
laissèrent à sec plusieurs endroits qui purent commencer
à se couvrir de végétation.

Des mousses dans les lieux
découverts, des plantes marines et des coquillages dans les
eaux, ont été les premiers

êtres organisés qui parurent sur le globe. Les abaissemens et les soulèvemens successifs de la croûte du globe produisirent les montagnes, les bassins des mers, et préparèrent les continens. Chaque déplacement des eaux était suivi d'une augmentation du sol par suite des couches solides que produisaient les matières qui les abandonnaient. Les créatures créées après celles dont je viens de vous parler furent d'énormes reptiles aux formes bizarres, des arbres qui ne peuvent vivre aujourd'hui que dans des climats chauds, tels que des bambous, des palmiers, etc. : ces êtres périrent dans les bouleverse-mens qui suivirent, et firent place aux animaux et aux végétaux que nous voyons actuellement.

Enfin, après une série de révolutions successives, la terre, devenue solide, ayant l'aspect que nous lui connais-sons, étant entourée d'une atmosphère composée d'un air pur, Dieu créa l'homme. Quelques siècles après cette création, il y eut une der-nière catastrophe, celle du déluge.

L'intérieur de la terre renferme encore une masse immense de liquide brûlant, mais elle est contenue par la solidité de l'enveloppe extérieure; et des volcans disséminés par la main divine sur tous les points du globe, sont autant de soupapes de sûreté semblables à celles des machines à vapeur, qui donnent issue à des portions de cette masse brûlante, pour empêcher que ses efforts ne détruisent les continens.

Admirez, mes enfans, cette suite merveilleuse de transformations que Dieu a fait subir à notre globe pour le rendre susceptible de nous recevoir.

La terre a neuf mille lieues de circonférence, c'est-à-dire de tour. Sa surface est divisée en partie couverte d'eau et en partie sèche et habitable : la partie couverte d'eau est l'Océan; la partie sèche, les continens. L'Océan est plus considérable que les continens; il recouvre un peu plus des trois quarts de la superficie du globe.

On divise l'Océan, pour faciliter l'étude de la terre, en plusieurs parties dont les principales sont : l'Océan glacial arctique, autour du

pôle-nord; l'Océan atlanti-
que et la mer du Nord, entre
l'Europe, l'Amérique et
l'Afrique; l'Océan pacifique
entre l'Amérique et l'Asie;
l'Océan glacial antarctique
autour du pôle-sud; l'Océan
Indien, entre l'Afrique, l'Asie
et la Nouvelle-Hollande.

Les grands prolongemens
de l'Océan dans l'intérieur
des continens s'appellent des
mers méditerranées. Il y en a
plusieurs, telles que la mer
Blanche, la mer Baltique, la
mer Méditerranée en Europe;
la mer Rouge, entre l'Afrique
et l'Asie; la mer de Baffin, la

mer d'Hudson, la mer Vermeille, en Amérique.

On nomme côtes ou rivages, la limite qui sépare les continens des eaux des mers : les côtes sont formées par la terre des continens qui s'élèvent au-dessus du niveau des eaux.

Quand une mer entre largement dans les terres, elle forme un golfe; ce n'est qu'une baie, si elle n'entre que dans une plus petite étendue. Un détroit est une portion de mer très-resserrée entre deux terres, qui fait ordinairement communiquer une méditerranée avec l'O céan. Un canal est un détroit assez long placé entre une île et un continent, ou entre plusieurs îles. Une île, c'est une portion de terre entourée d'eau de tous côtés. Un port sert à recevoir les vaisseaux et à les abriter des vents et des tempêtes.

Il n'y a qu'un continent, réellement, quoiqu'on en compte quatre, savoir : l'Europe, l'Asie, l'Afrique et l'Amérique ; ils ne forment qu'un continent, parce qu'ils tiennent ensemble et ne sont pas séparés. On appelle les trois premiers ANCIEN MONDE, car ils sont connus depuis les temps les plus reculés, et le quatrième NOUVEAU MONDE, parce qu'il a été découvert dans l'année 1492, le 6 décembre, par Christophe Colomb.

Les continens n'ont pas une surface unie; elle est au contraire très-inégale; on y voit des élévations, des enfoncemens, des parties plates. Les élévations se nomment montagnes et collines. Les montagnes sont des élévations d'une grande hauteur; lorsque plusieurs d'entre elles se tiennent par leur base, elles forment une chaîne; on les divise en montagnes primitives, secondaires et récentes.

Les montagnes primitives sont les plus anciennes de toutes, leur formation date de la solidification de la surface du globe ; les secondaires ont été formées pendant les bouleversemens subséquens ; les récentes résultent de soulèvemens partiels de certaines parties des continens : ces diverses sortes de montagnes se reconnaissent aux substances qui les composent.

Un volcan est une montagne qui donne issue à une partie des matières brûlantes du centre de la terre ; l'ou-

verture par où elles sortent
est un CRATÈRE. Les collines
sont des élévations de peu
de hauteur.

Entre les montagnes, il y
a des enfoncemens, plus ou
moins larges, qui reçoivent
différens noms : on les appelle COLS s'ils sont étroits,
bordés de précipices et que
deux hommes puissent à
peine passer de front ; c'est
un val, quand l'enfoncement
a plus de largeur, et une
vallée lorsqu'il est large, placé
à la base des montagnes dont
la pente est douce et très-
accessible. Les vals sont ordinairement parcourus par des

torrens; les vallées par des fleuves dont la source est dans la montagne. Entre les collines, les enfoncemens prennent la dénomination de vallons; on y voit couler des rivières ou des ruisseaux.

Les parties unies des continens sont désignées par les expressions de plaines, plateaux, steppes, déserts, landes. Une plaine est une surface fertile, sans élévation, d'une étendue plus ou moins grande. Un plateau est une plaine élevée au-dessus des pays voisins, c'est comme une immense colline dont le sommet est plat et fort étendu, il y a des plateaux qui forment des parties considérables de continens, et se terminent dans leur pourtour par de hautes montagnes : tel est le plateau central de l'Asie. Un steppe est une plaine basse, qui se couvre naturellement de pâturages. Le désert est une plaine aride, sablonneuse, qui ne produit de végétaux qu'aux endroits rares où sortent des sources peu abondantes; ces lieux, plus favorisés, portent le nom d'OASIS. Une lande est un désert de peu d'étendue.

Des courans d'eau et des

réservoirs naturels fertilisent les continens. Les courans sont : 1° des fleuves, lorsqu'ils se jettent dans la mer ; 2° des rivières, lorsqu'ils se jettent dans un fleuve ; 3° des ruisseaux, quand ils sont étroits, peu étendus et qu'une rivière les reçoit. Le lieu d'où ces courans sortent de terre est leur SOURCE; celui où ils se jettent dans la mer, dans un fleuve ou une rivière, est une EMBOUCHURE : l'embouchure d'une rivière dans un fleuve, s'appelle aussi un CONFLUENT. Les réservoirs comprennent les lacs, les étangs et les marais. Parmi les lacs, il y en a qui sont formés d'eaux douces, comme les rivières, et d'autres d'eaux salées, comme celles de la mer; car il faut que vous sachiez que les eaux de la mer contiennent des substances nommées sels. Un lac est une grande étendue d'eau entourée de terre de tous côtés. Le plus grand des lacs salés est le lac Caspienne, en Asie. Un étang est une étendue d'eau moins considérable qu'un lac; le marais est une eau stagnante, bourbeuse et peu profonde.

Les continens ont des parties qui s'avancent dans les

mers; on les nomme presqu'îles, parce qu'elles ne sont entourées d'eau que de trois côtés. Si la presqu'île est unie au continent par une langue de terre étroite, resserrée par la mer à droite et à gauche, cette langue est un ISTHME. Une montagne qui termine un continent en s'avançant dans la mer prend le nom de cap ou promontoire : les caps les plus célèbres sont le CAP-NORD, à l'extrémité nord de l'Europe; le CAP DE BONNE-ESPÉRANCE, au sud de l'Afrique; et le CAP HORN, au sud de l'Amérique.

Les Géographes divisent

la terre en cinq parties, l'Europe, l'Asie, l'Afrique, l'Amérique, et l'Océanie qui comprend toutes les îles du grand Océan, dont la plus considérable est la Nouvelle-Hollande.

**Le Soleil et les Planètes; leurs mouve-
mens; ce qui en résulte.**

Le soleil, cet astre magnifique, source de la lumière,
de la chaleur et de la vie sur
notre terre, est une étoile;
par conséquent il est lumineux par lui-même. Il est
placé au centre de onze
planètes qui tournent autour
de lui. De ces planètes, les
unes sont plus près du soleil
que les autres; voici leurs
noms, en commençant par
la plus rapprochée : Mercure,
Vénus, la TERRE, Mars,
Vesta, Junon, Cérès, Pallas,
Jupiter, Saturne, Uranus ou

Herschell. Il est probable que chacune des étoiles, que nous voyons pendant la nuit, est un soleil qui a aussi ses planètes, mais que nous ne pouvons voir à cause de l'éloignement. A la simple vue, on distingue les planètes des étoiles; les premières sont très-brillantes, mais sans rayons; les secondes sont entourées de rayons et SCIN-TILLENT, c'est-à-dire qu'il semble que l'on aperçoive le mouvement de leur lumière.

Les onze planètes ont été créées toutes en même temps, on leur reconnaît à peu près la même forme. Elles ont deux mouvemens, l'un autour du soleil, qu'elles accomplissent en d'autant plus de temps qu'elles sont plus éloignées de lui, l'autre sur elles-mêmes; et plus elles ont de vitesse, moins il leur faut aussi de temps pour l'accomplir. Il ne faut que 98 jours à Mercure pour décrire son cercle autour du soleil; il est à 13 millions 361 lieues de cet astre; Vénus en est à 25 millions de lieues, et sa révolution, ou temps qu'elle met à tourner autour du soleil, est de 224 jours 17 minutes.

La Terre est éloignée du

soleil de 34 millions de lieues ; sa révolution dure 365 jours, 4 heures, 49 minutes.

Mars est distant de 53 millions de lieues ; sa révolution nécessite un an 322 jours.

Vesta a pour distance 82 millions de lieues ; elle parcourt son orbite ou cercle en trois ans 240 jours.

Junon est à 92 millions de lieues du soleil, elle fait sa révolution en 4 ans 130 jours.

Cérès, éloignée de 95 millions 460 mille lieues, trace sa route en 4 ans 220 jours.

Pallas, placée à peu de

distance de Cérès, met à décrire son orbite 4 ans 221 jours.

Jupiter se trouve distant du soleil, de 180 millions de lieues; il lui faut 11 ans 315 jours pour tourner autour de cet astre.

Saturne en est à 329 millions de lieues; il met 29 ans 166 jours à parcourir sa route.

Uranus, jeté à l'énorme distance de 662 millions de lieues, a besoin de 84 ans 7 jours pour décrire son immense orbite.

J'ai dit que le second mouvement des planètes est sur elles-mêmes, et qu'il ressemble au tournoiement de la toupie sur son fer. Les pôles des planètes représentent dans ce mouvement le fer et la tête de la toupie, de sorte qu'ils n'ont qu'un petit cercle à parcourir, tandis que celui de l'équateur au milieu est plus étendu.

Le soleil tourne également sur lui-même; il est d'une grosseur effrayante pour notre imagination, car sa circonférence est un million trois cent quatre-vingt mille fois plus étendue que celle de la terre; la vitesse de son mouvement est si grande, qu'il tourne sur lui-même en

vingt-cinq jours douze heures.

Mercure n'a de circonfé-
rence que le seizième de celle
de la terre ; il tourne sur ses
pôles en 24 heures 5 minutes.

Vénus, dont la circonfé-
rence est le dix-neuvième de
celle de la terre, tourne en
23 heures 21 minutes.

La terre a 9 millions de
lieues de circonférence ; elle
fait un tour complet sur ses
pôles en 23 heures, 56 minutes, 4 secondes.

Mars n'a qu'un sixième de
la circonférence de la terre ;
sa rotation dure 24 heures
31 minutes.

Vesta, Junon, Cérès et Pallas sont très-petites, et on n'a pas pu calculer encore leur grosseur ni le temps de leur rotation.

Jupiter est 1,470 fois plus gros que la terre, et sa vitesse est si rapide, qu'il tourne complètement en 9 heures 56 minutes.

Saturne, 887 fois plus gros que la terre, accomplit sa rotation en 10 heures 16 minutes.

Uranus n'est que 77 fois plus gros que la terre; on ne connaît pas encore le temps qu'il met à faire sa rotation.

La durée du jour et de la

nuit résulte du mouvement des planètes sur elles-mêmes ; la succession des saisons est la suite de leur course autour du soleil.

En tournant sur leur axe, c'est-à-dire sur une ligne qui s'étendrait d'un pôle à l'autre, les planètes présentent successivement tous les points de leur surface à la lumière du soleil : de là le jour, et successivement ces points se trouvant du côté opposé sont dans l'obscurité ; de là la nuit.

Ainsi sur la terre quand la nuit est égale en longueur au jour, l'un et l'autre durent douze heures moins quelques secondes, ce qui donne pour total 24 heures, ou rigoureusement parlant, 23 heures 57 minutes 4 secondes, absolument le même temps que la terre met à tourner sur elle-même.

On a divisé ce temps en vingt-quatre parties égales, dont chacune est une heure. On partage la journée en heures d'avant midi ou du matin, et heures d'après midi ou du soir. Minuit, ou le milieu de la nuit, est la douzième heure après midi, midi ou le milieu du jour est la douzième heure du matin; une heure est compo-

sée de soixante minutes : une
minute de soixante secondes,
et une seconde de soixante
tierces. La moitié d'une heure
s'appelle une demi-heure; elle
est de trente minutes; la moitié d'une demi-heure est un
quart - d'heure; il contient
quinze minutes; il faut quatre
quarts d'heure pour faire une
heure.

Du mouvement des planè-
tes autour du soleil résulte
l'année et les saisons. Voilà
pourquoi l'année de la terre
est de 365 jours, 5 heures,
49 minutes.

La terre est suspendue dans
l'espace de manière à ce que

dans sa course elle présente successivement au soleil chacun de ses pôles. Quand le pôle articque est tourné du côté du soleil, nous avons le printemps, puis l'été; quand le pôle antarctique s'y présente à son tour, nous avons l'automne et l'hiver ; mais l'autre côté de la terre jouit de la belle saison. Cet admirable effet n'existerait pas si la terre était suspendue de manière à ce que son axe formât un angle droit avec l'orbite qu'elle parcourt; alors on aurait toujours la même saison : les pôles souffriraient perpétuellement sous l'influence de l'hiver ; l'équateur trop chauffé ne serait pas habitable. Ainsi remercions Dieu dont la sagesse infinie a coordonné toutes les parties de notre globe de manière à ce qu'elles jouissent également de ses bienfaits et des dons de sa toute puissance. Quel magnifique ouvrage que le sien !

Vous voyez, mes amis, d'après ce que je viens de vous dire qu'il y a quatre saisons : le printemps qui nous ramène les beaux jours, un air pur et les fleurs, qui fait renaître tout à la vie ; l'été, avec ses moissons dorées, ses soirées et ses nuits aussi fraîches que magnifiques; l'automne, qui vient chargé de pampres et de fruits exquis; puis l'hiver, qui n'est pas sans jouissance, car il nous donne l'occasion de soulager les pauvres qui souffriraient du froid, de partager notre pain avec les malheureux que la saison rigoureuse prive de travail. L'hiver est le temps des aumônes et des bonnes œuvres; c'est alors surtout que nous devons nous souvenir de la sainte maxime de Jésus-Christ : AIMEZ VOTRE PROCHAIN COMME VOUS-MÊME. Quelle satisfaction n'éprouverez-vous pas, après avoir fait du bien à vos frères souffrans,

lorsque vous jouirez des dou-
ceurs que procure l'aisance
pendant cette saison? Combien vous serez heureux! Mes
petits amis, faites le bien, c'est
là le secret du bonheur. Maintenant, je vais vous expliquer
un mystère qui pique vive-
ment, je le vois, votre curio-
sité. Comment, dites-vous en
vous-mêmes, les planètes peuvent – elles continuellement
suivre la même route autour
du soleil?

Ce fut longtemps le secret
de l'Éternel; mais, dans sa
bonté, il permet que nous
soyons instruits de quelques-
unes des merveilles de son

grand et sublime ouvrage, afin que nous redoublions d'amour pour lui. Alors il envoie sur la terre des hommes d'une intelligence supérieure, qu'il doue de la faculté de découvrir un de ses mystères. Dans l'année 1687, Isaac Newton fit connaître aux hommes les lois de l'attraction qui retiennent tous les corps célestes dans leur orbite.

Le soleil est doué de la propriété d'attirer vers lui les onze planètes qui sont dans sa dépendance; il les attire de manière à ce qu'elles se précipiteraient sur son centre, si

la vitesse de leur mouvement
ne tendait à les lancer dans
l'espace en sens contraire. Il
résulte de cette double action
que chaque planète étant at-
tirée par le soleil avec une
force égale à celle qui la
pousse en sens contraire,
reste dans le cercle que la
main de Dieu lui a tracé.

Les CIEUX PUBLIENT LA GRANDEUR DE DIEU, dit, dans un de ses cantiques sublimes, le saint roi David, parole aussi vraie qu'elle est belle. Mes enfans, tout ce que je vous ai rapporté de l'œuvre de la création en est une preuve éclatante; ce que je vais vous dire encore vous prouvera que la bonté de Dieu est aussi infinie que sa puissance.

Il y a des planètes éloignées du soleil, que Dieu a entourées de globes plus petits qui tournent autour d'elles;

c'est pour cela que les astro-
nomes appellent ces globes
satellites, c'est-à-dire qui ac-
compagnent; la lune est le
satellite de la terre. Ces satellites éclairent la planète autour de laquelle ils tournent,
en réfléchissant sur eux pendant les nuits, la lumière du
soleil; ils soulèvent les eaux
de l'Océan et produisent les
marées; ils soulèvent l'atmosphère et occasionnent des
vents qui déplacent et assai-
nissent l'air, qui déterminent
tantôt les pluies bienfaisantes,
tantôt la pureté de l'ATMOS-
PHÈRE. On désigne par ce nom
la masse d'air qui entoure la

terre et tourne avec elle; c'est dans le sein de cette masse d'air que se produisent les nuages, les brouillards, la pluie, la neige, les tempêtes, le tonnerre, les orages : phénomènes que vous expliquera la science de la physique quand vous serez plus instruits.

Jupiter a quatre satellites ou lunes. Saturne, sept et un anneau de matière solide qui l'entoure et tourne autour de lui. Uranus a six satellites.

Revenons à notre lune, le satellite du globe que nous habitons. La lune tourne autour de la terre en décrivant

un cercle elliptique, c'est-à-
dire allongé, de sorte que
tantôt elle est plus près, tantôt plus loin de la terre. Lorsqu'elle en est le plus loin, sa
distance est de 91 mille 450
lieues, et le plus près, de 81
mille 105 lieues : c'est l'attraction de la terre qui retient
la lune dans son orbite. La
lune met 27 jours 7 heures
45 minutes à décrire son cercle autour de la terre; en
même temps elle tourne aussi
sur elle-même. C'est le soleil
qui éclaire la lune, aussi quand
elle se trouve entre la terre
et le soleil, nous nous ne la
voyons pas, parce que le côté

tourné vers nous n'est pas
éclairé : c'est ce que l'on nomme nouvelle lune. A mesure
qu'elle avance dans son orbite, nous apercevons sa surface qui reçoit la lumière so-
laire ; d'abord elle a la forme
d'un croissant dont les extré-
mités sont tournées vers l'est,
parce que le reste de son corps
est toujours dans l'ombre :
c'est le premier quartier. Plus
elle s'élève, plus la lumière
s'étend sur elle, jusqu'à ce
que nous voyions une de ses
faces en entier : c'est la pleine
lune. Puis elle se replonge
dans l'ombre de la terre ; enfin on n'en voit plus qu'un

croissant tourné vers l'ouest : c'est le dernier quartier ; elle disparaît de nouveau, sa révolution autour de la terre est achevée, elle en recommence une autre.

Dans l'espace d'une année, la lune parcourt douze fois son orbite autour de la terre.

C'est d'après le cours de la lune qu'on a divisé l'année, en mois. Il y a douze mois, qui sont : janvier, février, mars, avril, mai, juin, juillet, août, septembre, octobre, novembre, et décembre. L'année commence le premier janvier, le mois est divisé en semaines de sept jours ; les jours sont :

lundi, mardi, mercredi, jeudi, vendredi, samedi et dimanche.

Je dois vous parler actuellement des éclipses. Une éclipse est la cessation momentanée de la lumière du soleil ou de la lune. Quand la terre vient à passer entre la lune et le soleil, son ombre couvrant la surface éclairée de la lune, la fait disparaître à nos yeux; c'est une éclipse de lune. Si, au contraire, la lune passe entre la terre et le soleil, le corps opaque de la lune nous cache une partie du soleil; alors il y a éclipse de ce grand astre. La lune nous paraît très-grande; cependant elle est quarante-neuf fois plus petite que la terre : sa grandeur apparente vient de la proximité où elle est de notre globe.

Vous connaissez actuellement les astres qui tournent autour de notre soleil; mais, lorsque vous admirez l'immensité de l'espace par une belle nuit, combien d'autres corps célestes y roulent, jetant un vif éclat! Ce sont les étoiles : la plus proche est à une distance de notre terre, qui effraie l'imagination. Les étoiles semblent former des groupes; la réunion de plusieurs d'entre elles dans une partie du ciel prend le nom de constellation.

Quelquefois apparaissent des astres très-brillans, suivis d'une longue traînée de lumière, qui parcourent en peu de jours une grande étendue du ciel : on leur donne le nom de comètes. Les comètes tournent autour du soleil; elles sont des espèces de planètes dont l'orbite est très-étendu et décrit une ellipse ou ovale très-allongé. Parmi les comètes, il y en a quelques-unes dont le cours est connu, telle est celle qui a paru à la fin de 1835; l'astronome Halley a calculé le temps de sa révolution qui est de 76 ans : c'est pourquoi elle porte son nom.

Les comètes sont donc, comme vous le voyez, des astres assujettis aux lois que Dieu a tracées à tous les corps célestes, et non des phénomènes surnaturels annonçant de graves événemens, comme on le croyait autrefois.

Faites attention, mes chers
enfans, à ce que je vais vous
apprendre dans ce chapitre;
vous y trouverez la solution
d'un problème qui doit em-
barrasser vos jeunes intelli-
gences. Jusqu'à présent, en
vous parlant du soleil, je vous
l'ai représenté fixe par rapport
à la terre, et les planètes
tournant autour de lui; cependant, le soleil se lève tous les
matins, se couche tous les
soirs, vous en avez eu main-
tes fois la preuve, comment
donc, me direz-vous, se fait-

il que ce ne soit pas le soleil qui tourne, comme la lune, autour de notre globe?

Le lever et le coucher du soleil! c'est un bien beau spectacle, mes amis; c'est à ces deux momens, qui commencent et terminent le jour, que Dieu a déployé le plus de magnificence pour nous inviter à l'adorer dès notre réveil et à l'adorer encore lorsque la nuit vient nous annoncer le repos.

Qu'il est beau de voir le globe immense d'où la lumière s'échappe par torrens, monter sur l'horizon, précédé par l'aurore aux teintes empourprées ! vivifier la nature entière, donner aux champs, aux prairies et aux forêts, l'aspect le plus admirable par l'effet de mille jeux de lumière !

Qu'il est beau également de voir ce globe rentrer sous l'horizon après avoir terminé sa carrière, pour éclairer l'autre côté de notre terre, nous jetant comme un adieu ses derniers rayons qui dorent la cime des monts, colorent les nuages aux formes fantastiques ; puis s'éteignent peu à peu laissant après eux un crépuscule prélude de l'ombre de la nuit, ou de la pâle clarté de la lune.

O mes enfans ! si vous habitez les villes et que vous n'ayez
jamais joui de ces merveilles
priez vos bons parens de vous
conduire au moins une fois
dans la campagne pour vous
rendre témoins des pompes
majestueuses de la nature !

Le lever et le coucher du
soleil, la course de cet astre
sur nos têtes, sont apparens,
mais non réels : c'est l'effet
du mouvement de la terre
sur elle-même. Prenez une
boule, mettez-la devant une
bougie, puis faites-la tourner
lentement : toutes les parties
de la boule passeront alterna-
tivement dans l'ombre et dans

la lumière. Maintenant, fixez une épingle sur un point non éclairé, et tournez la boule de gauche à droite. L'épingle aura d'abord la bougie à sa droite, puis au-dessus de sa tête, enfin à sa gauche, jusqu'à ce qu'elle rentre dans l'obscurité. La bougie n'a pas changé de place; c'est la boule qui a tourné sur elle-même.

Dans cette petite expérience on trouve l'explication du mouvement apparent du soleil. La terre tourne de gauche à droite pour un homme placé en face du soleil à midi; la droite de cet homme est l'orient ou l'est, parce que le

soleil lui semble se lever de
ce côté ; la gauche est le cou-
chant ou l'ouest, parce que
le soleil y disparaît le soir ; le
point où le soleil se trouve au
milieu du jour se nomme le
midi ou sud, et le côté opposé,
le nord. Dans l'hémisphère
que nous habitons, le soleil
ne se voit jamais au nord,
mais seulement au sud ; c'est
le contraire dans l'hémisphère
opposé ; à midi, le soleil occupe le nord, et il ne passe
jamais au sud.

Les quatre points du ciel :
est, sud, ouest et nord, se
nomment les quatre points
cardinaux ; on s'ORIENTE quand
on sait les distinguer. S'orien-
ter veut dire trouver l'orient.

Les règnes de la nature ou les habitans du globe.

Lorsque Dieu eut achevé le globe terrestre, il l'orna de plantes utiles et agréables; le peupla d'animaux, puis y plaça l'homme.

L'ensemble de toutes ces créatures, hommes, animaux, plantes, pierres et métaux, constitue la nature.

On classe les divers êtres de la nature dans deux divisions qui portent le nom de règnes; l'un est le règne organique ou des êtres vivans : on le nomme ANIMAL; l'autre, le règne inorganique ou des êtres inanimés : on l'appelle VÉGÉTAL. Les plantes, les animaux, les hommes, sont donc du règne organique ou ANIMAL ; les pierres et les métaux, du règne inorganique ou VÉGÉTAL.

Vous connaissez les plantes, mes petits amis : les unes, comme le blé, le seigle, l'orge, servent à faire le pain ; d'autres, comme l'avoine, le trèfle, la luzerne, les herbes dont se composent le foin, nourrissent plusieurs de nos animaux domestiques. Les poiriers, pommiers, pêchers, cerisiers, abricotiers, groseillers, etc., fournissent des fruits

délicieux pour vos desserts;
la vigne produit le raisin savoureux et sucré dont le jus
fermenté se convertit en vin.
Le chêne, le hêtre, le sapin, le
noyer, l'acajou, le frêne et
beaucoup d'autres grands arbres des forêts produisent du
bois pour le chauffage, la char-
pente des maisons, la cons-
truction des vaisseaux, et la
fabrication des meubles qui
ornent nos demeures.

Le rosier, la violette, la
giroflée, l'œillet, le lys, l'hor-
tensia, le camélia, le dahlia,
les arters, le lilas, la tubé-
reuse, les iris, les narcisses,
les tulipes, les jacinthes, les

anémones, les renoncules, et mille autres fleurs aussi variées dans leurs formes que dans leurs couleurs et leurs parfums, embellissent les jardins.

Le quinquina, la centaurée, l'ipécacuanha, la guimauve, la valériane, l'oranger, le tilleuil, le laurier camphrier, le laurier-canellier, le simarouba, le muscadier, la bourache, la chicorée sauvage, la buglosse, le cresson, etc., donnent d'utiles médicamens pour soulager les malades.

Beaucoup d'autres plantes comme le poivrier, le géroflier, la vanille, la muscade,

la canelle, le piment, la tomate, servent à relever le goût
de nos mets et à les assaison-
ner.

Avec le lin, le chanvre, le
coton, on tisse les toiles dont
nous nous revêtons. Ainsi tout
est utile parmi les végétaux
ou plantes, jusqu'aux poissons, dont la chimie retire des
médicamens puissans.

Ces êtres intéressans sont
divisés en trois classes établies
d'après la manière dont chacun d'eux sort de la terre en
naissant. C'est d'une graine
confiée à la terre que provient
chaque plante : on voit donc
les unes LEVER, ou naître, sans

feuilles; les autres avec une seule feuille, d'autres enfin avec deux ou plusieurs feuilles. Les premières composent la classe des ACOTYLÉDONÉES; les secondes, celle des MONOCOTYLÉDONÉES, et les troisièmes, la classe des DICOTYLÉDONÉES. On partage ensuite les classes en familles, d'après les ressemblances des plantes entre elles.

Les principales familles de la première classe sont : les algues ou plantes marines, les mousses, les champignons et les fougères.

Dans la seconde classe on distingue, comme les plus

remarquables, les familles :
1° des graminées, à laquelle
appartiennent le blé, l'orge,
le seigle, l'avoine, le maïs, le
millet, le riz, la canne à sucre, les plantes des prairies
dites à fourrage, dont on fait
le foin, et les roseaux dont le
plus grand est le bambou ; il
égale en hauteur et en grosseur les palmiers : on le trouve
dans l'Afrique et l'Asie méri-
dionale ; 2° la famille des palmiers, dont le cocotier, le
dattier, l'élaïs, sont les arbres les plus utiles ; 3° la famille des lys ; 4° celles des
narcisses ; 5° la famille des
iris ; 6° la famille des bana-

niers, remarquable par des plantes dont les feuilles ont jusqu'à dix-huit pieds de longueur, et qui produisent plus de cent fruits disposés en grappes appelés RÉGIME, dont chacune fait la charge d'un homme. Ces plantes des pays chauds fournissent une excellente nourriture.

La classe des dicotylédonées est la plus nombreuse en famille et en espèces. Je vous citerai parmi les familles les plus utiles, 1° celle des lauriers qui comprend le laurier noble ou d'Apollon, le canellier, le camphrier, le muscadier, l'avocatier, le

sassafras et le faux benjoin;
2° les polygonées au nombre
desquelles on trouve l'oseille,
le sarrasin ou blé noir qui
nourrit nos départemens de
l'ouest, ceux de l'ancienne
province de Bretagne; la rhu-
barbe, plante dont la racine
est purgative et la feuille un
légume excellent; 3° les atri-
plicées, à cette famille appartiennent la betterave, la ri-
vale de la canne à sucre, la
betterave, qui produit un sucre excellent : la culture de
cette plante est une des richesses de nos départemens
du nord; 4° les labiées, famille formée des plantes odo-

riférantes et médicinales : la sauge, le thym, le serpolet, le romarin, la lavande, les menthes, les monardes, l'hysope, le lierre terrestre ou glécome; 5° les solannées, famille bizarre dont certaines espèces sont des poisons, comme la jusquiame, la belladone, le tabac, les daturas, la mandragore; et les autres, d'utiles alimens, comme la parmentière, appelée vulgairement pomme de terre, la tomate, l'aubergine; 6° la famille des bourraches; 7° celle des gentianes, dont les espèces sont médicinales; 8° la nombreuse famille des synanthérées dont les chicorées, les laitues, salsifix, artichauts, font partie, ainsi que les pâquerettes ou marguerite des champs, les dahlias, les asters, etc.; 9° la famille des rubiacées, riche en plantes propres à la teinture, comme la garance; en plantes médicinales, le quinquina, l'ipécacuanha, et en végétaux non moins utiles, tels que le café et le bois de fer, le plus dur de tous les bois; 10° les ombellifères, dans lesquelles on range la carotte, le panais, le céleri, le cerfeuil, le persil, l'angélique dont on fait des bonbons délicieux : quelques

ombellifères sont des poisons,
tels que les ciguës, les phel-
landrium; 11° la famille des
renoncules, dont les nom-
breuses espèces ornent les
jardins, mais sont d'actifs
poisons; ainsi les enfans ne
doivent jamais toucher aux
renoncules, clématites, anco-
lies, delphinium ou pied-d'a-
louette, ellébores, aconits,
etc.; 12° les pavots; d'une
espèce on retire l'opium,
substance utile pour calmer
les douleurs, mais qui tue si
on en prend sans en connaître les doses; 13° la famille
des crucifères : elle renferme
la giroflée, la julienne, la

corbeille d'or ou alysson ; les
choux, les navets, le cresson,
le cochleria, la moutarde,
etc.; 14° la famille des érables, dont le marronnier
d'Inde et les érables sont les
principaux arbres ; 15° la famille des hespérides ou oran-
gers ; 16° celle des thés, dans
lequel se trouvent l'arbre à
thé de la Chine et les beaux
camélias qui viennent du Ja-
pon ; 17° la famille des vi-
gnes ; 18° celles des mauves
et des guimauves : le coton-
nier en est une des plantes
remarquables ainsi que le
cacaoyer dont les amandes
pilées avec du sucre compo-

sent le chocolat, si bon au goût et à la santé.

Il y a encore les familles des œillets où l'on range le lin ; celles des groseillers, des myrtes, des rosacées, une des plus riches en fleurs et en fruits, puisque les rosiers, les poiriers, pommiers, abricotiers, etc., sont de cette famille ; des fragariées ou fraisiers ; des légumineuses, possédant les acacias, les mimosas et les pois, haricots, fèves, lentilles, etc. ; des cucurbitacées : melons, concombres, potirons, etc. ; des orties, dans laquelle vous serez fort étonnés de voir le figuier et l'arbre à pain de l'Océanie ; des amentacés, famille réunissant la plupart des arbres de nos forêts d'Europe : chêne, hêtre, châtaignier, noyer, charme, aulne, bouleau, saule, peuplier, orme, platane, noisetier, etc.; enfin la famille des conifères ou arbres verts : sapins, mélèzes, thuyas, pins, cèdres, genévriers, ifs, cyprès, arbres dont on retire le goudron, la poix et la térébenthine.

Les plantes ont différentes parties qui sont : 1° la racine, organe placé en terre pour y puiser la nourriture;

2° la tige, qui prend le nom de tronc dans les arbres, de chaume dans les graminées ; la tige est le support des branches et des feuilles ;

3° les rameaux ou branches ;

4° les feuilles qui servent à absorber, c'est-à-dire pomper l'air et l'eau contenue dans l'air; c'est par les feuilles que les plantes respirent ;

5° les fleurs, composées dans les plantes les plus parfaites, d'un calice ou enveloppe extérieure ordinairement verte, d'une corolle qui est la partie brillante, colorée, odorante de la fleur; la corolle est quelquefois d'une seule pièce ; alors on la nomme MONOPÉTALE, ou de plusieurs pièces, et on la dit POLYPÉTALE, car chaque pièce de la corolle est un PÉTALE. Dans la fleur sont cachées ses parties principales, les étamines que couvre une poussière ordinairement jaune, le pistil et l'ovaire renfermant les germes des graines; le pistil tient toujours à l'ovaire, il conduit dans l'intérieur de cette partie le liquide du POLLEN ou poussière des étamines qui donne aux graines la propriété de germer. Quand la fleur est tombée, l'ovaire grossit et devient fruit.

Les animaux ne nous sont pas moins nécessaires que les végétaux ; ainsi vous n'ignorez pas les services que rendent le cheval, l'âne, le chameau , l'éléphant , le bœuf, la brebis , la chèvre, le chien, qui sont les serviteurs de l'homme : non-seulement ils emploient leurs forces à son service , mais ils le nourrissent de leur chair, de leur lait, et le vêtissent de leurs peaux et de leurs toisons.

On partage les animaux en deux grandes divisions : les vertébrés et les invertébrés. Les animaux vertébrés sont ceux qui ont des os dans l'intérieur du corps, dont la réunion se nomme SQUELETTE; ces os s'appuient sur l'épine du dos ou colonne vertébrale, assemblage d'os en forme d'anneaux nommés vertèbres.

Les animaux de la première division ont un cerveau dans la tête; ils ont encore des nerfs, des chairs qu'on appelle MUSCLES pour faire agir les membres; cinq sens : la vue, l'ouïe, l'odorat, le goût et le toucher; un cœur charnu, des vaisseaux, du sang rouge et chaud. Les animaux invertébrés n'ont pas d'os; ils sont privés de cerveau; ils ont des nerfs, du sang froid et blanc chez la plupart; ils ont un ou plusieurs cœurs membraneux, et ils respirent par des vaisseaux appelées TRACHÉES, dont les ouvertures extérieures sont dites stygmates.

La division des vertébrés comprend quatre classes : 1° les mammifères; 2° les oiseaux; 3° les reptiles; 4° les poissons.

La division des invertébrés n'a que trois classes : les mollusques, les articulés et les rayonnés.

Les mammifères sont les animaux terrestres et aqua-

tiques pourvus de quatre
membres , dont les petits
naissent vivans et sont nour-
ris de lait par leur mère
pendant leur première en-
fance; ils respirent l'air par
un poumon placé avec le
cœur dans la poitrine.

La classe des mammifères
se subdivise en huit ordres :
1° les bimanes, qui ont deux
pieds et deux mains : l'homme ; 2° les quadrumanes, qui
ont quatre mains, deux à
l'extrémité des bras, et deux
qui terminent les jambes au
lieu de pieds : les singes;
3° les carnassiers , animaux
se nourrissent de chair : les

chauves-souris, taupes, hé-
rissons, ours, chiens, renards-
loups, martes, fouines, belet-
tes, chats, lions, tigres, pan-
thères, léopards, lynx, hiènes,
phoques ou veaux marins;
4° les masurpiaux, qui donnent asile à leurs petits nou-
veau-nés, dans une poche
placée sous le ventre des
mères : les sarigues, kangu-
rous; 5° les rongeurs, animaux qui usent avec leurs
dents les substances dont ils
se nourrissent : les écureuils,
marmottes, rats, souris, mu-
lots, loirs, lapins, lièvres,
castors, cabiais, cobayes
ou cochons d'Inde; 6° les

édentés, animaux, les uns
privés de quelques-unes des
dents : les tatous, fourmiliers,
tamanoirs, paresseux ; 7° les
pachydermes, grands animaux
dont la peau est épaisse : l'é-
léphant, le tapir, le rhino-
céros, l'hippopotame, le san-
glier et le porc, le cheval,
l'âne ; 8° les ruminans, qui
possèdent plusieurs estomacs
et la faculté de faire remon-
ter dans la bouche, pour la
mâcher de nouveau, la nourriture qu'ils ont déjà avalée ;
cette action se nomme ru-
miner.

Les ruminans sont : la gi-
rafe, les chameaux, les che-

vrotains, le cerf, le daim, le renne, l'élan, le chevreuil, les gazelles, le bœuf, la chèvre, la brebis; les cétacées, grands mammifères marins qui nagent dans l'Océan, comme les poissons : la baleine, le cachalot, les dauphins, les lamentins, les dugongs.

La classe des oiseaux comprend les animaux vertébrés dont le corps est couvert de plumes, qui sont privés de dents, et qui, au lieu de ces os et des lèvres, ont des lames de corne formant un bec. Les oiseaux sont ovipares, c'est-à-dire qu'ils naissent d'un œuf; de leurs quatre membres, deux servent à les soutenir dans l'air, ce sont les ailes. Les oiseaux ont deux estomacs, le jabot et le gésier qui est épais et char- nu : ils respirent par des poumons.

Cette classe est divisée en six ordres : 1° les oiseaux de proie : aigles, vautours, éper- viers, milans, buses, faucons, ducs ou hibous, chouettes; 2° les passereaux; dans cet ordre sont des êtres char- mans, les uns doués d'un ramage harmonieux : rossi- gnol, fauvette, alouette, se- rin, pinson, chardonneret;

les autres ornés du plumage le plus éclatant : oiseaux-mouches, tangaras, cotingas, merles, lyres, etc. Les grives, les corbeaux, geais, pies, moineaux sont aussi des passereaux ; 3° les grimpeurs : les pics, les perroquets, les lorris, les perruches, les coucous, les toucans ; 4° les gallinacées : pigeons, coqs et poules, perdrix, dindons, hoccos, faisans, paons, pintades, tetras, lophophores, cailles, etc.; 5° les échassiers ou oiseaux à longues jambes : autruches, casoars, outardes, pluviers, vanneaux, grues, cigognes, hérons, flammants,

ibis, bécasses, poules d'eau ;
6° les palmipèdes, ou pieds
palmés, oiseaux dont les
doigts sont unis par des mem-
branes : grèbes, plongeons,
pingoüins, manchots, pétrels,
mouettes, albatros, pélicans,
cormorans, cygognes, oies,
canards, etc.

Les reptiles sont ovipares ;
leur peau est nue ou cou-
verte d'écailles ; ils traînent
le ventre sur la terre en mar-
chant. Cette classe a quatre
ordres : 1° les chéloniens ou
tortues, animaux couverts
sur le dos et la poitrine
d'une forte cuirasse écailleuse
appelée carapace : il y a des

tortues de mer, des tortues
d'eau douce et des tortues
terrestres ; 2° les sauriens,
reptiles quadrupèdes dont les
uns sont immenses et carnassiers, comme les crocodiles,
les alligators, et les autres
de petite taille : tels sont les
lézards gris et verts de nos
contrées ; 3° les ophidiens ou
serpens, reptiles privés de
membres, dont plusieurs occasionnent la mort, en bles-
sant avec des dents creuses,
qui sont les conduits d'un
venin actif renfermé dans des
poches sous la mâchoire supérieure ; 4° les batraciens,
reptiles amphibies vivant dans

l'eau et sur la terre : les grenouilles, crapauds, salamandres, etc.

Les poissons ne vivent que dans l'eau ; ils sont ovipares : leur peau est nue ou écailleuse. Les poissons respirent l'eau par des branchies, sortes de feuillets membraneux placés sur les côtés du cou, sous les ouïes ou opercules.

Ils montent et descendent dans l'eau au moyen de la vessie natatoire qu'ils remplissent d'air et vident à volonté. Au lieu de membres, les poissons ont des nageoires. La classification de ces animaux repose sur des caractères difficiles à saisir à votre âge; aussi je ne vous en parlerai pas.

Nous passons donc de suite aux classes de la division des invertébrés.

La première est celle des mollusques ou animaux mous. Les mollusques n'ont pas d'os; leur sang est blanc : la plupart habitent ces jolis coquillages que l'on pêche dans les mers. Parmi les mollusques, vous connaissez l'huître, la moule, le colimaçon, les limaces; il en est une espèce précieuse par les perles que l'on trouve dans sa coquille : c'est l'avicule perlière qui se pêche dans la mer des Indes. La nacre de perle provient aussi de l'intérieur de plusieurs coquillages.

La classe des articulés comprend les insectes, les crustacés, les arachnides et les annélides. Les insectes vous sont familiers : le hanneton, le cerf-volant, le capricorne, la courtilière, le bupreste doré, ont servi plus d'une fois à vos jeux. Dans la prairie, vous avez poursuivi le brillant papillon : je vous ai vus bondir de joie lorsque le pauvre captif s'échappait de vos mains. Tous ces petits animaux, de même que l'abeille, les mouches, les fourmis, sont des insectes. Aujourd'hui je ne vous dirai rien des arachnides ou araignées, sinon que c'est à tort que vous les regardez comme des êtres rebutans ; vous seriez très-attentifs, et vous changeriez totalement d'opinion, si je racontais l'histoire de ces industrieux animaux, ce que je ferai dans quelques jours.

Quant aux crustacés, la gourmandise les rendra respectables aux yeux de plusieurs d'entre vous, lorsqu'ils sauront que l'écrevisse, le homard et les crevettes en font partie.

Les annélides sont les vers de terre et les sangsues.

Le règne inorganique se compose des pierres, des marbres et des métaux; toutes substances désignées sous le nom générique de minéraux.

Un minéral est un être composé de parties infiniment petites appelées MOLÉCULES, toutes semblables entre elles, de sorte qu'il n'y a pas de différence entre son intérieur et son extérieur. Le minéral est inerte, c'est-à-dire sans vie et sans mouvement; il est soumis à l'action des agens physiques.

Les minéraux sont distribués dans trois classes : 1° les pierres ; 2° les métaux ; 3° les minéraux inflammables. Le nombre des êtres du règne inorganique est très-inférieur à celui des êtres organisés , car on ne connaît qu'environ 300 espèces de minéraux , tandis qu'il y en a 100 mille d'animaux et 80 mille de végétaux qui ont été étudiées.

Dans la classe des pierres on trouve 1° les carbonates, qui comprennent les marbres, les moellons, la pierre de taille, la craie, les pierres à lithographier, celles qui servent à repasser les rasoirs; les carbonates de fer et de cuivre, d'où l'on retire du fer et du cuivre; 2° les sulfates, dont la pierre à plâtre n'est pas un des moins utiles; 3° les silicides, au nombre desquels sont le quartz ou cristal de roche, le sable de rivière, le sable fin des environs de Paris, le grès dont on fait des pavés; les agathes, l'opale, pierre précieuse d'un grand prix, l'émeraude, le saphir, le grenat, l'aigue-marine, employées en bijouterie; les argiles, précieuses pour la fabrication des poteries, de la porcelaine, des briques, des tuiles; 4° les aluminides, qui ont pour espèces remarquables les belles pierres précieuses nommées rubis, topazes, améthistes et saphirs d'Orient.

La classe des métaux contient les minerais d'où l'on retire le fer, le cuivre, le plomb, l'étain, l'argent, l'or; et on y range aussi ces métaux, lorsqu'ils sont purs, c'est-à-dire séparés de toute matière étrangère. Les minerais principaux sont des sulfures, arséniures et des oxides, ou des mélanges de

soufre, d'arsénic, ou d'oxi-
gène avec le fer, l'or, l'argent, etc.

Dans la classe des combus-
tibles sont rangés le charbon,
genre nombreux, composé
de la houille ou charbon de
terre, minéral aussi précieux
que le fer, qui est le plus
précieux de tous par les usages auxquels on l'emploie; le
diamant, qui, malgré son
prix et son brillant éclat, n'est
que du charbon très-pur; des
bitumes; de l'ambre jaune,
sorte de bitume solide; de la
graphite, substance qui sert
à faire les crayons; enfin de
a tourbe, sorte de terre

charbonneuse qui brûle aussi
bien que la houille. Vous
voyez, d'après cet exposé,
que les êtres du règne inorganique ne rendent pas moins
de services à l'homme que les
animaux et les plantes; ce
sont les minéraux qui consti-
tuent la masse de la planète
terrestre et les roches qu'elle
renferme. Les plantes elles-
mêmes, le corps de l'homme
et des animaux, ne sont
que des molécules minérales
organisées et animées par la
volonté de Dieu.

L'homme est la créature la plus parfaite de celles qui habitent le globe terrestre, parce que Dieu lui a donné une âme intelligente, immortelle, capable de s'élever jusqu'à lui, de reconnaître son existence et de l'adorer; tandis qu'aux animaux il n'a donné que la vie et un instinct qui meurt avec eux. Dieu ne créa qu'un homme et une femme, Adam et Ève, dont les descendans étant devenus très-méchans

furent détruits par le déluge;
il ne se trouva que Noé auquel Dieu pardonna parce
qu'il était vertueux. Noé se
renferma dans l'arche avec
sa famille et une paire de
chaque espèce d'animaux qui
repeuplèrent la terre. Tous
les hommes actuels descendent de Sem, Cham et Ja-
phet, fils de Noé. Les familles sauvées des eaux se mul-
tiplièrent rapidement et se
dispersèrent par toute la
terre; l'influence des climats
divers qu'elles habitèrent
modifia leurs traits, chan-
gea la couleur de leur peau
et produisit les sept variétés

d'hommes qui peuplent les cinq parties du monde.

La variété Blanche ou arabe-européenne, habite une grande partie de l'Asie, le nord de l'Afrique, toute l'Europe, et la presque totalité de l'Amérique dont elle s'est emparée depuis que Christophe Colomb en a fait la découverte.

La variété Mongolique, ou mogole-chinoise, a la peau jaunâtre, la face large, les yeux relevés vers les tempes par leur angle externe. Cette race est placée dans l'Asie orientale; les Chinois, les Coréens, les Mongoles, les

Cochinchinois en font partie.

La variété Malaye a la peau
d'une nuance qui varie du
brun-clair au rouge de cuivre, suivant les pays où elle
se trouve. Cette variété peuple la presqu'île asiatique de
Malaya, les îles voisines, la
Nouvelle-Hollande, les îles de
l'Océanie.

La variété Ethiopique ou
nègre habite l'Afrique; sa
peau est noire.

La variété Papoue se trouve
dans plusieurs îles voisines
de la Nouvelle-Hollande; les
papous ont la peau noire
comme les nègres d'Afrique.

La variété hyperboréenne est dispersée autour du pôle arctique, en Europe, en Asie et en Amérique; ses principaux peuples sont les Lapons, les Eskimaux, les Groëlandais.

La variété américaine a la peau rougeâtre. Avant la découverte de l'Amérique, elle peuplait tout ce continent et vivait dans un état sauvage, à l'exception des Péruviens et des Mexicains.

Les hommes de toutes les races vivent en société, c'est-à-dire en familles plus ou moins nombreuses, unies entre elles et formant des peuples.

Ainsi, les premiers habi-
tans du globe ont été forcés
de s'associer pour détruire
les animaux féroces; ensuite
pour défricher les forêts,
pour cultiver; puis pour se
défendre contre des sociétés
voisines qui voulaient profi-
ter de leurs travaux.

Le nombre des membres
d'une société, venant à s'ac-
croître, a produit des peuples. Il a fallu donner des
lois à ces associations, mettre à leur tête des chefs
pour les gouverner; alors les
gouvernemens ont pris naissance. Il y a cinq sortes de
gouvernemens : 1° le gouver-

nement théocratique, qui est celui dans lequel les prêtres gouvernent au nom d'une divinité : tels ont été les anciens gouvernemens de l'Inde et de l'Égypte; 2° le gouvernement monarchique, qui est dirigé par un roi ou monarque; 3° le gouvernement aristocratique : c'est celui qui se trouve entre les mains d'une classe que l'on nomme la noblesse, comme l'ancien gouvernement de Venise; 4° le gouvernement démocratique, dans lequel le peuple dirige les affaires, comme aux États-Unis en Amérique; 5° les gouvernemens mixtes,

c'est-à-dire composés de mo-
narchie, d'aristocratie et de
démocratie : tels sont ceux de
l'Angleterre, de l'Espagne.

De nos jours, les hommes
sont tous libres, à peu d'ex-
ceptions près, encore ten-
dent-elles à disparaître; mais,
dans l'antiquité, il y avait
beaucoup d'esclaves, des nations mêmes entières. Ces
esclaves, pris à la guerre ou
enlevés par des brigands,
étaient vendus à des maîtres
qui en disposaient à leur gré.

L'histoire apprend à con—
naître les diverses sociétés
qui ont successivement occu-
pé la terre.

L'histoire est la science qui transmet la connaissance des évènemens qui se sont passés chez les peuples anciens; elle nous fait également connaître ceux qui surviennent chez les nations contemporaines; elle instruit encore de l'origine des peuples, de leurs religions, de leurs mœurs, de leurs lois, et de l'état de civilisation auquel ils sont parvenus.

L'histoire conserve la mémoire des peuples, parce que les nations, comme les individus, ne font que passer sur la scène du monde; parce que leur existence est courte relativement à la durée des temps : car elles disparaissent pour faire place à d'autres lorsqu'elles ont accompli la tâche que la Providence divine leur avait assignée. L'histoire enregistre les actions des peuples; elle les transmet à la postérité; elle recherche les causes des révolutions, dévoile les grands crimes, et immortalise les grandes vertus. En accusant les fautes des antiques sociétés, en démontrant les raisons qui ont amené leur décadence et leur anéantissement, elle donne de grands enseignemens; elle apprend

à éviter les erreurs des de-
vanciers; elle inspire l'amour
et le culte des lois et de la
patrie; elle indique les moyens
de prolonger l'existence et la
gloire nationales.

Parmi les antiques socié-
tés, quelques-unes, mais en
petit nombre, ont subsisté
jusqu'à nos jours; ce sont
celles des Chinois et des In-
diens; les autres ont péri.
Les plus remarquables des
peuples qui ont cessé d'être,
sont : 1° les Babyloniens dont
l'empire a dominé l'Asie oc-
cidentale pendant plusieurs
siècles; 2° les Mèdes et les
Perses, dominateurs de l'Asie

après les Assyriens ou Babyloniens; 3° les Égyptiens, habitans de l'Afrique orientale, qui ont rempli leur pays de monumens magnifiques; 4° les Hébreux, peuple choisi de Dieu, au sein duquel est né notre Seigneur Jésus-Christ. Peuple miraculeux dans les temps modernes, aujourd'hui dispersé sur toute la terre, où sa conservation, inexplicable par les lumières seules de la raison, est l'attestation vivante de l'origine céleste de la religion chrétienne; 5° les Grecs, nation intelligente, active, qui a produit une foule d'hommes de génie et des chefs-d'œuvre de tout genre dans les arts : nation célèbre par la lutte qu'elle soutint contre les Darius, les Xercès, monarques de la Perse, dominateurs de l'Asie; nation qui, malgré son petit nombre, triompha de l'Orient tout entier, et plaça son chef Alexandre-le-Grand sur le trône des Cyrus; 6° les Romains, le plus merveilleux des peuples après les Hébreux; les Romains, devenus les rois de l'univers antique, eux dont la petite ville fondée en Italie, vers 753 ans avant J.-C., n'était qu'une misérable bourgade

de paille et de boue bien dif-
férente alors de la Rome d'or
et de marbre d'Auguste et
des Césars.

Les Perses avaient anéanti
l'empire de Babylone, les
Grecs détrônèrent les Perses,
les Romains arrachèrent aux
Grecs le sceptre du monde ;
ils furent à leur tour renver-
sés et vaincus par des peuples
jusque-là inconnus, sortis du
nord de l'Asie et de l'Europe,
et que l'on nomma les Barbares, parce qu'ils étaient
bien inférieurs aux Romains
en civilisation. Ces peuples,
les Francks, les Goths, les
Vandales, les Suèves, les

Hérules, les Saxons, les An-
ghels, les Huns, les Turcs,
etc., ont remplacé les anciennes races avec lesquelles
ils se sont mêlés, et ont formé toutes les nations modernes.

En considérant les épo-
ques, on divise l'histoire en
trois grandes sections, ainsi
classées : 1° l'histoire ancienne, s'étendant du déluge
à l'établissement des Barbares sur les débris de l'empire romain ; 2° l'histoire du
moyen-âge, comprenant les
faits depuis l'invasion des
Barbares jusqu'à la prise de
Constantinople par l'empe-

reur des Turcs, Mahomet II;
3° l'histoire moderne depuis
Mahomet II, 1453 après
J.-C., jusqu'à nos jours.

L'histoire classe, comme
vous le voyez, les faits suivant
la succession des années;
cette classification se nomme
la CHRONOLOGIE, mot qui veut
dire connaissance des temps.

On appelle ÉRE le point de
départ d'où l'on commence à
compter les années pour former des dates et classer les
faits. Par exemple, l'ère moderne ou chrétienne com-
mence à la naissance de N. S.
J. – C. : nous sommes dans
l'année 1854 de cette ère,

c'est-à-dire qu'il s'est écoulé 1854 ans depuis l'année de la naissance de N. S. J.-C.

On connaît différentes ères, savoir, avant J.-C. : 1° l'ère de la création du monde ; 2° l'ère du déluge ; 3° l'ère grecque des Olympiades, qui commence dans l'année 776 avant J.-C. ; 4° l'ère romaine, de la fondation de Rome ; elle date de l'an 753 avant J.-C. ; 4° l'ère babylonienne de Nabonassar, commençant en 747, avant J.-C. ; 5° l'ère syrienne des Séleucides : elle date de l'an 312 avant Jésus-Christ.

Les ères modernes sont :

1° l'ère chrétienne qui commence avec le jour de la naissance de J.-C. ; 2° l'ère des Arabes, des Turcs, des Persans et autres peuples mahométans, dite ère de l'hégire : elle date de l'an 622 après J.-C.

L'ère des Olympiades servait aux calculs chronologiques des Grecs, qui comptaient par Olympiades, c'est-à-dire par chaque retour des jeux olympiques que l'on célébrait à Olympie, dans le Péloponèse, tous les quatre ans.

L'ère de la fondation de Rome était employée par les

Romains pour la chronologie de leur histoire.

L'ère de Nabonassar servit en Orient à former des dates, à partir de l'année dans laquelle Nabonassar monta sur le trône de Babylone.

L'ère des Séleucides est une autre ère orientale qui a pour point de départ l'année dans laquelle Séléneus Nicanor, un des successeurs d'Alexandre-le-Grand, fonda le royaume de Syrie.

L'ère de l'hégire est ainsi nommée d'un mot arabe qui veut dire fuite ; elle commence à l'année dans laquelle l'Arabe Mahomet (MOHAM-

MED), fondateur de la religion musulmane, s'enfuit de la Mecque à Médine.

C'est en comparant les différentes ères entre elles, que l'on parvient à faire concorder les dates de l'histoire des différens peuples.

DEUXIÈME PARTIE.

L'INDUSTRIE HUMAINE.

Agriculture. — Habitations. — Vêtemens. — Animaux domestiques — Villes. — Arts et Sciences.

JE vous ai fait le tableau de l'œuvre miraculeuse de la création. Vous savez comment Dieu a formé et orné la demeure de l'homme; comment cette créature, la plus parfaite de toutes, est distribuée sur ce globe que le maître du monde lui a donné. Dans cette seconde partie, je vous apprendrai de quelle manière l'homme a usé de son intelligence pour utiliser les dons du Créateur.

Adam, ayant péché, se vit condamné au travail; il était nu, entouré d'animaux destructeurs, obligé de demander à la terre sa nourriture. Les premiers besoins qu'il éprouva furent donc de se mettre à l'abri des variations des saisons, et de trouver les moyens de subsister. Pour se vêtir, il dépouilla les animaux que ses armes détruisaient;

pour s'abriter de la pluie et
des ardeurs du soleil, il dut
avoir recours, soit aux grot-
tes creusées par la nature,
soit à des cabanes de bran-
chages et de feuilles; enfin,
pour calmer sa faim, il cher-
cha des fruits, planta les
arbres qui produisaient les
meilleures espèces autour de
son habitation, apprivoisa
plusieurs animaux dont il
mangea la chair et but le
lait. Ainsi, avec le premier
homme naquirent les pre-
miers besoins et les premiers
arts. Bientôt les fils d'Adam
devinrent nombreux; ils dé-
couvrirent l'art de retirer le

fil du coton et du lin, de le tisser et de fabriquer des étoffes; ils apprirent à les teindre de couleurs fournies par d'autres plantes : l'un trouva le fer, imagina de le forger; un autre inventa la scie, le marteau; alors on travailla le bois et la pierre. Tel peuple se livra à l'agriculture et bâtit des maisons là où il cultivait; tel autre préféra l'éducation des troupeaux, vécut en nomade, errant de pâturage en pâturage, et dormit sous la tente légère, demeure facile à déplacer. Puis, lorsque l'art funeste de la guerre commença ses ravages, il fallut trouver les moyens de se mettre à l'abri des invasions ennemies. On construisit donc des villes entourées de fossés et de murailles. Ensuite le commerce répandit la richesse dans l'enceinte des cités ; le besoin de l'étendre, celui de chercher au-delà des mers des matériaux précieux, produisit l'art merveilleux de la navigation, la navigation qui efface toutes les distances, lie ensemble les climats et les peuples les plus lointains ! Quand il y eut des hommes riches, les modestes demeures primitives ne suffirent plus ; ils désirèrent

des palais ornés de marbres
somptueux, de riches tentu-
res, de meubles précieux :
les arts naquirent et se déve-
loppèrent. Aux rois, aux peuples puissans, il fallut de vastes et majestueux monu-
mens, d'immenses demeures
royales, des jardins, des temples ; les sciences commencè-
rent à paraître, car alors on
eut besoin de la géométrie et
de la mécanique pour mesu-
rer, tracer, puis élever ces
grandes constructions. La
décoration des temples ame-
na la sculpture et la peinture, compagnes inséparables
de l'architecture. C'est ainsi

que le génie de l'homme mar-
cha d'inventions en inventions , pour améliorer son
bien-être matériel.

Au milieu de ce mouve-
ment, il y avait des hommes
que leur position sociale dis-
pensait du travail manuel ;
ces hommes, les prêtres, se
livrèrent à la contemplation :
ils méditèrent sur l'origine
du monde, sur la nature de
Dieu et des hommes ; ils
avaient découvert la philosophie. Portant ensuite leurs
regards sur l'univers, sur son
organisation, ils inventèrent
l'astronomie et la physique

Les arts se perfectionnè-

rent rapidement, mais il n'en
a pas été de même des sciences, lentes à se perfectionner:
ce n'est que dans notre siècle
et celui qui l'a précédé,
qu'elles ont fait le plus de
progrès.

L'industrie humaine se divise en sciences, arts et métiers.

Les sciences se divisent en
celles qui regardent Dieu,
l'homme et la nature.

La théologie est la science
qui s'occupe de Dieu et de la
religion chrétienne.

Les sciences qui s'occupent
de l'homme sont : l'anatomie,
ou connaissance de la struc-

ture du corps humain ; la physiologie, science de la vie ou de la manière dont les diverses parties du corps font leurs fonctions ; la médecine, qui indique les moyens de guérir les maladies ; la philosophie, qui s'occupe de la nature de l'âme, des facultés intellectuelles ; les sciences morales et politiques, partie de la philosophie, qui indiquent les devoirs des hommes et des gouvernemens ; les sciences législatives ou le droit, connaissance des lois et des coutumes des peuples.

Les sciences qui s'occupent de la nature sont : les mathématiques ou science des nombres; la géométrie, qui démontre les dimensions et les figures des corps; la géographie, qui est la connaissance entière du globe terrestre; l'astronomie, science des lois qui gouvernent les corps célestes; l'histoire naturelle, ou connaissance des êtres qui composent les deux règnes organique et inorganique; la physique, science des lois qui régissent les corps inorganiques et influent sur les corps organisés; la chimie, connaissance de la composition des corps.

Les arts se divisent en

beaux-arts et en arts ma-
nuels. Les beaux-arts, ceux
dont la pratique nécessite
l'emploi de l'intelligence,
sont : la poésie, le dessin, la
peinture, la sculpture, la
gravure, l'architecture, et la
musique. Les arts manuels
sont ceux qui s'exercent mé-
caniquement à l'aide des
mains; tels sont : l'art de
tisser, de teindre, de coudre,
de broder, de bâtir. Ces arts
s'appellent aussi métiers, etc.

Les produits de l'industrie. — Objets de première nécessité. — Objets de luxe.

On appelle produits de l'industrie les ouvrages d'arts qui sortent de la main de l'homme. Ces produits se divisent en deux classes : les objets de première nécessité, et les objets de luxe.

Les objets de première nécessité sont nombreux; ce sont ceux dont on ne peut absolument se passer. Nous les partageons en objets qui servent à la nourriture, au vêtement, au logement, et aux usages domestiques. Le pain, les végétaux comestibles, la viande, divers produits animaux et végétaux sont nécessaires pour la nourriture de l'homme.

Le pain se fait avec la farine du blé, du seigle ou de l'orge ; cette farine s'obtient en écrasant le grain dans un moulin ; on le pétrit avec de l'eau ; on y ajoute un peu de sel, du levain, et on fait cuire le pain dans un four. Avant que le pain soit servi sur nos tables, bien des bras ont été employés : le laboureur a travaillé la terre, semé et récolté le grain ; le meunier l'a moulu et changé en farine portée par le marchand au boulanger qui en fait du pain.

La viande est la chair du bœuf, du veau, du mouton, du porc : les herbagers et nourrisseurs élèvent ces animaux. La vache, la chèvre, la brebis, fournissent du lait d'où l'on tire la crême, le beurre et le fromage.

Les végétaux comestibles sont les fruits, comme : poires, pommes, noix, pêches, abricots, groseilles, oranges, etc.; les légumes, savoir : les pois, les haricots, les lentilles; les racines, telles que carottes, navets, panais, oignons, pommes de terre,

betteraves, radis; les verdu-
res, qui sont les salades, le
céleri, l'oseille, le cresson,
les épinards, les choux,
choux-fleurs, asperges, artichauts, etc. On nomme ma-
raîchers les jardiniers qui
s'occupent de cette culture.

Les vêtemens de l'homme
sont tirés de substances animales et végétales. La laine,
la soie, le cuir, le feutre, les
fourrures, sont les substances
animales employées à la fabrication de nos vêtemens. Le
coton, le lin, le chanvre,
sont les substances végétales
qui servent aux mêmes usages

Avec la laine on fait les tricots, les camelots, les serges, les draps, les mérinos, les casimirs, les châles, et une foule d'autres étoffes. Le coton donne les calicots, les percales, les mousselines, des velours, etc.

Avec le chanvre et le lin, on fait des toiles de toutes qualités, depuis la grosse toile d'emballage jusqu'à la plus belle batiste. Toutes ces substances ont été d'abord filées, puis tissées ; un grand nombre d'ouvriers les travaillent dans les manufactures.

La soie, qui est filée par

la chenille d'un papillon de la Chine, se transforme en brillantes et précieuses étoffes qui appartiennent aux objets de luxe. La pierre, le bois, le fer, les briques, les ardoises, les tuiles, le plâtre, la chaux, servent à construire nos demeures. L'art de bâtir emploie un grand nombre d'ouvriers : le charpentier, qui taille et pose les solives; le carrier, qui tire la pierre hors de la terre; le maçon, qui construit les murs; le tailleur de pierre; le plâtrier, qui extrait le plâtre et le prépare; le briquetier, qui cuit les briques, les tuiles et les carreaux ; le couvreur, pour faire le toit ; le serrurier et le menuisier, chargés de fabriquer et ferrer les portes et les fenêtres ; le vitrier, le peintre décorateur, le fabricant de papiers de tenture.

Les objets qui servent aux usages domestiques sont si nombreux, que nous ne saurions les énumérer. On peut les diviser en ustensiles, meubles et matériaux. Les ustensiles sont : les fourneaux, casseroles, chaudrons, et tout ce que fabrique le chaudronnier ; les vases, depuis les plus communs jusqu'aux plus précieux, depuis les simples

poteries de terre et la faïen-
ce, jusqu'aux élégans cris-
taux et la porcelaine trans-
parente. Vous connaissez les
meubles et leurs usages; ils
sont les produits de l'art de
l'ébéniste, comme les com-
modes, les secrétaires, les
tables, lits, armoires; et de
l'art du tapissier, comme les
fauteuils, bergères, canapés,
rideaux, etc.

Les matériaux sont le bois,
le charbon, le charbon de
terre, le savon, la chandelle,
la bougie, etc. Les trois premiers sont appelés combus-
tibles, parce qu'on les brûl
pour obtenir la chaleur né-

cessaire pour cuire et se
chauffer. Le charbon se fait
avec du bois qu'on chauffe
en l'étouffant ; il se prépare
dans les forêts. Le charbon
de terre, ou la houille, se
trouve dans des mines d'où
on l'extrait. La chandelle et
la bougie, ainsi que l'huile,
servent à éclairer nos appar-
temens. La chandelle est une
mèche de coton entourée de
graisse de mouton et de bœuf,
ou suif ; la bougie est une
mèche de même matière, entourée de cire d'abeilles blan-
chie. L'huile à brûler se retire des noix, du chenevis, du
colza, de la graine de pavot ;

elle sert à éclairer avec les lampes et quinquets. Les boutiques et les passages sont illuminés avec le gaz hydrogène, qui est de l'air inflammable retiré de la houille, de l'huile, ou de graines grasses, dans des établissemens particuliers. Le gaz est amené par des conduits souterrains dans les endroits qu'il doit éclairer.

Le savon est un composé de potasse et d'huile ou de graisse que l'on emploie pour nettoyer et laver les vêtemens.

On donne le nom d'objet de luxe à tout ce qui n'est

pas de première nécessité ;
ces objets sont formés de
matières rares, précieuses, et
se vendent fort cher. Les
vêtemens de luxe sont des
étoffes fines, couvertes souvent de dessins qui nécessi-
tent l'emploi de teintures
coûteuses et difficiles à exé-
cuter. Les draps fins, les
velours de soie, les mousselines de laine et de coton, le
satin, les taffetas, les cache-
mires, les batistes et toiles de
Hollande, les dentelles, fournissent les vêtemens de luxe.
Les pierreries, les diamans,
les bijoux, la vaisselle d'or et
d'argent, les meubles en bois

précieux, les dorures, les bronzes, statues, tableaux, chevaux, voitures, que vous voyez abonder dans les hôtels des personnes riches, sont autant d'objets de luxe. Le luxe est nécessaire dans une nation, parce qu'il nourrit une multitude d'ouvriers, d'artistes, et qu'il répand le superflu des riches dans les classes laborieuses.

Monumens publics : temples, palais, canaux, routes, ponts, chemins de fer.

Les monumens sont les grands édifices d'utilité publique et ceux qui servent à l'embellissement des villes, dans lesquels l'art de l'architecture déploie toute sa magnificence. Les monumens ont toujours été l'orgueil des peuples qui les ont élevés. Dans les temps antiques, plusieurs de ces constructions ont acquis une haute renommée ; ce furent principalement les palais-temples de l'Égypte, celui de Jérusalem, le temple de Diane d'Éphèse, le temple d'Apollon de Delphes, celui de Minerve à Athènes, dit le Parthénon; les Pyramides et les Obélisques d'Égypte; le Capitole de Rome, les cirques ou théâtres de la même ville, et surtout celui qui portait le nom de COLOSSEUM, dont les ruines sont aujourd'hui appelées Colysée.

Ces principaux monumens modernes sont le magnifique temple de Saint-Pierre de Rome, l'église de la Madeleine de Paris, l'église de Saint-Paul de Londres, la cathédrale de Milan, le Panthéon de Paris, l'église Saint-

Marc de Venise, l'abbaye de Westminster de Londres, en style gothique pendant le moyen-âge, ainsi que la cathédrale d'Amiens, celle de Reims, la cathédrale de Strasbourg, Notre-Dame de Paris, etc.

On remarque, parmi les palais : le château des Tuileries et le Louvre, le palais du Luxembourg, celui de la Bourse, le palais des Invalides, le Palais-National, le château de Versailles, le palais de Carlton-House, en Angleterre; l'hôtel de ville d'Amsterdam; la Bourse de Pétersbourg.

Je vous citerai encore la colonne de bronze de la place Vendôme, à Paris, construite sur le modèle de la colonne Trajane de Rome. Cette colonne, élevée à la gloire des armées françaises, a 44 mètres 66 centimètres de hauteur; le bronze qui la revêt pèse 900,000 kilog.

On nomme temples les édifices consacrés à une divinité, dans lesquels on s'assemble pour lui rendre hommage et l'adorer. Les temples du vrai Dieu, du Dieu que nous adorons, s'appellent Églises, c'est-à-dire, en grec, lieu d'assemblée. La principale église d'une ville où réside un évêque est une cathédrale.

Les palais servent de résidence aux rois, aux chefs du gouvernement ou de lieux d'assemblées publiques, dans lesquels on traite des affaires particulières.

Les canaux sont de grands ouvrages entrepris pour réunir plusieurs petites rivières et obtenir une masse d'eau capable de porter bateau. En France, nous possédons plusieurs canaux, savoir : le canal de Languedoc, entrepris pour joindre la mer Méditerranée à l'Océan : il n'a encore que

180 kilomètres de longueur; le canal d'Orléans; le canal de Bourgogne, qui joint la Saône à l'Yonne et par conséquent à la Seine; le canal du Centre, joignant la Saône à la Loire, le canal de Briare, unissant la Seine à la Haute-Loire; le canal de Saint-Quentin, qui joint l'Oise à l'Escaut. Outre ces canaux, il y en a plusieurs autres d'un ordre inférieur, comme celui de l'Ourcq, que l'on voit à Paris, qui abrége la navigation de la Seine.

Les routes ou grands chemins ont pour destination d'ouvrir des communications dans toutes les parties d'un pays; elles font communiquer non-seulement toutes les villes entre elles, mais même les bourgs et les villages. En France, on classe les routes, d'après leur grandeur, en routes nationales, routes départementales, et chemins vicinaux. Les premières sont entretenues aux frais de l'État; les secondes, par les départemens; les troisièmes, par les communes auxquelles ils aboutissent. Les voitures publiques qui voyagent sur les grandes routes s'appellent diligences ou messageries; les rouliers sont les hommes qui conduisent les voitures chargées des marchandises expédiées par les négocians.

Les chemins de fer, routes d'invention nouvelle, consistent en ornières de fer dans lesquelles entrent les roues de diligences et de chariots traînés par des machines à vapeur. On voyage sur ces chemins avec une grande rapidité, puisqu'on peut parcourir de douze à quatorze lieues par heure. On espère encore pouvoir augmenter sans danger cette vitesse.

On joint les deux rives d'un fleuve, d'une rivière, d'un lac, et quelquefois même les deux chaînes de montagnes qui limitent une vallée, au moyen de ponts. La plupart des ponts se bâtissent en pierre; cependant il y en a dont les voûtes sont en fer, comme on le voit au pont d'Austerlitz, au pont des Arts et au pont du Carrousel, à Paris. Aujourd'hui on élève des ponts suspendus; ils n'ont souvent qu'une arche dont le plancher est soutenu par des chaînes de fer ou par d'énormes câbles de fils de fer scellés dans des massifs de maçonnerie : ces ponts réunissent l'élégance à la solidité et à l'économie. Paris possède en se genre le pont Louis – Philippe, ceux d'Arcole, des Invalides et de Charenton.

TROISIÈME PARTIE.

DES DEVOIRS.

Devoirs envers Dieu.

J'AI achevé, mes amis, de vous tracer le tableau de l'œuvre de la création et des productions de l'intelligence humaine; je vais terminer ce livre en vous instruisant en peu de mots des devoirs que vous avez à remplir. Vous devez vous y conformer avec bien de la joie à ces devoirs, puisqu'ils sont le seul moyen que vous possédiez de témoigner votre reconnaissance à Dieu qui a tant fait pour vous, et à vos pères et mères qui vous aiment avec une si vive tendresse.

Les devoirs d'un enfant sont au nombre de cinq : 1° envers Dieu ; 2° envers les parens ; 3° envers les maîtres ; 4° envers les inférieurs ; 5° envers la société.

Un enfant ne doit jamais oublier un seul moment que Dieu est son créateur et son maître; que Dieu lui a donné des lois auxquelles il doit se soumettre; enfin que la plus secrète de ses actions n'é-chappe pas à l'Éternel qui voit tout.

L'obéissance et l'amour porteront donc l'enfant à rendre ses hommages au Créateur, le matin, le soir, et dans les instans de la jour-née où il reçoit ses bienfaits.

Il obéira aux commande-mens de Dieu et à ceux que ses représentans sur la terre font en son nom.

Lorsqu'il se présentera dans l'église, qui est le temple du Seigneur, il aura soin de s'y

tenir avec décence, recueille-
ment, et de prier jusqu'à la
fin du service divin.

Celui qui ne s'écarte jamais
des devoirs que Dieu a pres-
crits à tous les hommes, obtient la protection céleste,
est respecté de ses semblables, et jouira d'un bonheur
éternel dans le ciel.

Devoirs envers les parens.

Après Dieu, les personnes que nous devons le plus aimer sont nos père et mère. En effet, que de soins n'ont-ils pas eu pour nous depuis notre naissance? Que de peines ne se donnent-ils pas pour soigner notre faible et longue enfance? Voyez cette tendre mère passer les jours et les nuits auprès du jeune enfant qu'elle allaite : pour elle, jamais de repos. Pendant le jour, son occupation est de calmer les cris, d'apaiser les douleurs de son fils : la nuit survient, elle veille encore près du berceau de ce rejeton chéri, de crainte que son sommeil ne soit troublé. O mes amis! si vous saviez ce que vous avez coûté de soucis et d'inquiétude à vos mères, si vous pouviez comprendre avec quelle force de sentiment elles vous aiment, votre amour pour elles deviendrait un véritable culte!

Et ne croyez pas que les soins de vos parens soient bornés à votre enfance, ils sont de toute la vie et ne font qu'augmenter avec votre âge.

Vous aimerez donc vos

parens, et vous leurs prou-
verez votre amour par votre
obéissance, votre assiduité
au travail ; par les efforts que
vous ferez pour acquérir de
l'instruction.

En aimant vos parens, en
leur obéissant, en vous effor-
çant de leur être agréable
par une bonne conduite, vous
attirerez sur vous les bénédictions de Dieu ; car il a dit
à l'homme : « Honore ton
père et ta mère, si tu veux
vivre longtemps sur la terre. »

Devoirs envers les maîtres.

Les occupations nombreuses de vos parens, les affaires multipliées auxquelles ils se livrent, les devoirs de leur état, ne leur permettent pas, mes enfans, de vous donner eux-mêmes l'instruction dont vous avez besoin. Il faut donc qu'ils confient le soin de votre éducation à des personnes dont la capacité et les bonnes mœurs sont éprouvées par de longs travaux et par une vie sans reproches. Ces personnes sont vos maîtres. Dépositaires de l'autorité que vos pères et mères ont sur vous, votre premier devoir est de leur obéir comme aux représentans de ceux qui vous ont donné le jour. Mais bornerez-vous là vos sentimens pour eux ? Non, mes enfans, ceux d'entre vous qui ont une belle âme ne se croiront pas quittes envers leurs maîtres, s'ils ne les aiment comme de seconds parens. La tâche qu'ils remplissent est pénible ; efforcez-vous donc de la rendre plus facile par votre douceur, votre attention et votre docilité.

Devoirs envers les inférieurs.

Tous les hommes sont égaux devant Dieu, et tous les Français sont égaux devant la loi; nous n'avons donc pas réellement d'inférieurs; mais il se trouve des personnes que le défaut de fortune contraint à nous consacrer leurs travaux moyennant salaire.

Envers ces inférieurs par position, l'enfant a des devoirs de bienveillance et de délicatesse à remplir; il doit s'attacher à leur parler avec affabilité, à rendre agréables leurs rapports mutuels. Par de bons procédés, on gagne toujours l'affection des domestiques, et ils s'attachent alors à ceux qu'ils servent.

Devoirs envers la société.

La société se compose de tous les hommes, un grand devoir lie entre eux les membres de la société humaine; c'est le divin précepte : AIME TON PROCHAIN COMME TOI-MÊME; NE FAIS JAMAIS AUX AUTRES CE QUE TU NE VOUDRAIS PAS QU'ON TE FIT A TOI-MÊME. Celui qui prend ce précepte pour règle de conduite est certain de remplir ses devoirs envers la société, car il les renferme tous.

La société universelle se divise en sociétés partielles qui sont les peuples. Chaque peuple a sa patrie, et les devoirs envers la patrie sont nombreux et sacrés; mais vous êtes trop jeunes, mes petits amis, pour que je vous en entretienne.

Une fraction de la société avec laquelle vous êtes en rapport, c'est vous-mêmes, c'est-à-dire tous les enfans de votre âge, vos camarades. Croyez-vous être exempts de devoirs les uns envers les autres? Non, ou vous seriez dans une grande erreur. Prenez donc pour règle la maxime de Jésus-Christ que j'ai placée en tête de ce chapitre, il en résultera pour vous un grand bien : votre caractère s'adoucira, vous prendrez des manières aimables et polies, on se plaira au milieu de vous, chacun vous chérira et s'efforcera de vous faire plaisir.

Les devoirs généraux que vous avez à remplir envers la société sont : la politesse envers tous, quels qu'ils soient ; de la bienveillance, de la douceur dans les paroles ; le respect envers les vieillards, envers les infirmes, les malheureux ; le respect également envers les personnes placées au-dessus de vous par le rang qu'elles occupent dans la société.

De l'utilité d'un état.

Dieu en créant l'homme lui a imposé le travail comme une nécessité. Riches et pauvres sont donc obligés de se créer une occupation : les premiers, pour se rendre utiles à leurs concitoyens, à la patrie ; les seconds, pour soutenir leur existence.

Celui qui, possédant de grandes richesses, dit : Je serai oisif, je ne ferai rien, est un méprisable égoïste. Il est bientôt puni de sa paresse, car l'ennui et les maladies assiégent son âme et son

corps affaiblis par la mollesse
et l'oisiveté.

Vous voyez, chers enfans,
que nul ne peut se soustraire
au travail; il faut savoir choi-
sir celui qui convient à la
position dans laquelle Dieu
nous a placés.

Lorsque vous aurez reçu
l'éducation convenable au
rang que votre famille tient
dans la société, alors vous
vous déciderez sur le choix
d'un état. Les arts manuels
conviennent à ceux qui n'ont
pas de fortune. Ils auraient
tort de vouloir s'ouvrir la
carrière des beaux-arts ou
des lettres, à moins d'avoir

de grandes dispositions natu-
relles. D'ailleurs, c'est un
méprisable préjugé que celui
qui représente les arts manuels comme dégradans. C'est
l'intelligence, la politesse des
manières et du langage, et la
manière de vivre qui donnent
le rang, plutôt que le genre
de travail auquel on s'occupe.
Tel ne fera pas société avec
un homme vivant du produit
du labeur de ses mains, parce
que cet homme est grossier
dans ses manières, son langage et ses goûts, et non pas
parce qu'il est paysan ou
journalier.

CONCLUSION.

Que cette esquisse rapide de l'ensemble de l'univers, écrite pour vous, chers enfans, vous inspire le désir d'acquérir bien vite des connaissances plus vastes et plus profondes : qu'elle soit le stimulant qui vous excite au travail; qu'elle vous fasse aimer, adorer Dieu, notre créateur ; voilà les souhaits formés par un de vos meilleurs amis. Méditez-en les chapitres qui retracent vos principaux devoirs ; mettez chaque jour leurs préceptes en pratique, et vous vous rendrez agréables à tout le monde; vos parens, vos maî-tres, vos condisciples vous chériront, et Dieu répandra sur vous le trésor de ses bénédictions.

PETITS CONTES.

LE MENSONGE PUNI.

ADÈLE, fille d'un honnête artisan, avait la direction du ménage de son père, qui était resté veuf. Elle conduisait fort bien la maison, travaillait avec activité, mais elle aimait trop la toilette. Elle avait envie d'une robe de soie verte qui devait coûter six francs l'aune; elle pria son père, qui lui avait promis une robe, de lui donner de quoi acheter celle-ci, elle le trompa en lui affirmant qu'elle ne coûterait que trois francs l'aune. Le père consentit, et comme il fallait dix aunes, il donna trente francs et trouva que c'était beaucoup. Qu'eût-il dit, s'il eût su le véritable prix? Adèle avait quelques économies qui lui fournirent les trente francs de surplus; elle alla bien joyeuse acheter sa robe, la paya et l'apporta à la maison.

Le jour même, tandis

qu'elle était allée au marché, il vint chez son père un marchand colporteur qui était Juif.

— N'avez-vous pas besoin, dit-il, d'une robe pour votre fille?

— Vraiment non, répondit le père, car elle en a acheté aujourd'hui une superbe et qui me coûte bien cher; voyez-la, ne s'est-elle point fait attraper?

— Et combien a-t-elle payé cette étoffe? dit le Juif.

— Trois francs l'aune.

— C'est cher; cependant, comme l'on m'a demandé une robe toute pareille, et qu'il s'agit d'une bonne pratique que je ne veux pas faire attendre, si vous voulez me céder cette étoffe, je vous la payerai trois francs dix sous l'aune. Le père d'Adèle s'empressa d'accepter, il livra l'étoffe et reçut l'argent.

Quand celle-ci rentra, son père lui annonça avec joie le marché qu'il venait de conclure.

— Ah! mon Dieu! s'écria-t-elle, vous me faites perdre vingt-cinq francs! A peine eut-elle dit ces paroles qu'elle s'en repentit; car le père en exigea l'explication, et il fallut avouer son exces-

sive coquetterie et sa dissi-
mulation.

— Le ciel t'a déjà punie
de ton mensonge, dit le père,
j'ajouterai encore à cette punition, car je garderai l'argent du Juif, et tu n'auras
pas de robe. La punition était
sévère, mais elle était bien
méritée.

LA MENDIANTE.

Une dame hérita d'un de
ses parents, qui laissait une
grande fortune. Ce parent
était le seigneur d'un village,
où il possédait un beau château. Avant de mourir, il re-
commanda à la dame de faire
sur ses biens une pension de

cent écus à la famille la plus charitable du village.

Au bout de quelque temps, la dame fit annoncer qu'elle allait venir prendre possession du château; et deux jours avant celui qu'elle avait fixé, l'on vit dans le village une pauvresse étrangère qui allait, de porte en porte, demander l'aumône. Dans la plupart des maisons, on lui répondait durement que le pain était cher, et qu'il n'y en avait pas de trop. Dans d'autres, tout en la rudoyant, on lui donnait quelque liard ou quelque morceau de pain moisi, quelque pomme à moi-

tié gâtée. Enfin, elle arriva
près d'une cabane habitée par
un paysan, sa femme et leur
petit enfant. Comme la pauvresse grelottait de froid, et
qu'elle avait la figure et les
mains toutes violettes, tant
elle souffrait de la rigueur de
la saison, le paysan, sitôt
qu'il la vit à sa porte, lui dit
d'entrer et de se chauffer à
son feu. Puis il lui versa un
verre de vin, sa femme lui
coupa un morceau de pain
qu'elle avait chez elle, et le
lui donna, avec une tranche
de jambon. Le petit enfant
aussi se montra charitable et
lui offrit la moitié d'un mor-

ceau de galette que sa mère
venait de lui donner. La pauvresse s'en alla en les bénis-
sant.

Le surlendemain, l'on ap-
prit que la dame du château
venait d'arriver, et les habitans du village furent invités
par elle à dîner. On les intro-
duisit dans une salle à manger, où il y avait une grande
et une petite table. Celle-ci
était couverte des mets les
plus exquis, sur la grande il
y avait beaucoup d'assiettes
couvertes.

La dame fit placer à cette
table tous les gens du village,
à l'exception de la famille qui

avait secouru la mendiante, puis elle dit :

— Mon parent, qui m'a laissé ce château, m'a ordonné de faire une rente de cent écus au plus charitable d'entre vous. Pour pouvoir remplir ses volontés, j'ai voulu vous éprouver. C'est moi qui avant-hier ai parcouru le village sous l'habit d'une pauvresse. Chacun de vous peut se rendre justice, et se dire s'il m'a bien accueillie. Je n'ai trouvé de charitables que ce pauvre homme, sa femme et son fils ; aussi auront-ils la rente de cent écus tant que l'un d'eux vivra. Je leur dois

aussi un dîner; qu'ils se met-
tent avec moi à cette table,
je vais le leur rendre le mieux
qu'il me sera possible. Quant
à vous autres, vous trouverez sur vos assiettes la juste
récompense de ce que vous
m'avez donné : vous pouvez
lever les couvercles.

Les paysans n'étaient pas fort
satisfaits de ce discours, ils
le furent encore moins de ce
qu'ils trouvèrent devant eux;
ceux qui n'avaient rien donné
virent leurs assiettes absolument vides; les autres trouvèrent l'objet même qu'ils
avaient remis à la pauvresse;
l'un une croûte de pain, l'au-

tre une pomme pourrie, l'autre un mauvais liard. Enfin
un méchant petit garçon qui
avait jeté à la pauvresse l'os
qu'il rongeait, trouva cet os
qu'elle avait ramassé. La dame, après s'être amusée de
leur surprise, ajouta :

— N'oubliez pas que vous
serez ainsi récompensés dans
l'autre monde.

LES TROIS BRIGANDS.

Dans un bois, trois brigands se tenaient en embuscade. Il vint à passer un marchand, qui portait avec lui des sommes considérables et des objets de prix; les brigands le tuèrent et s'emparèrent de tout ce qu'il possédait. Ils résolurent de faire bonne chère, pour célébrer ce crime affreux, qui leur avait été si profitable. Le plus jeune se chargea d'aller à la ville voisine pour acheter du vin, des viandes cuites, enfin tout ce qui était nécessaire pour bien se régaler.

A peine fut-il parti que les deux autres se dirent : — Si nous étions seuls à partager ces trésors, ils nous suffiraient pour vivre. Débarrassons-nous de cet autre quand il reviendra avec ses provisions. Dès que nous l'aurons tué, nous partagerons en frères, et nous irons vivre loin de ce pays.

Le troisième brigand se disait, de son côté : Si je pouvais me défaire de mes deux compagnons , tout l'argent serait à moi ! Je vais empoisonner leur vin, ils en boiront, périront tous deux , et je possèderai seul les trésors du marchand.

En effet, il acheta des vivres , mêla dans le vin un poison violent et retourna dans le bois.

A peine fut-il arrivé près de ses compagnons , que ceux-ci se jetèrent sur lui et le tuèrent à coups de poignard. Ils se mirent ensuite à manger, burent du vin auquel était mêlé le poison, et expirèrent dans des douleurs atroces.

Juste punition de la Providence! preuve nouvelle que les méchans ne peuvent se fier les uns aux autres.

LES BUISSONS.

M. L'ABBÉ OLIVIER, jeune ecclésiastique, s'était toujours senti une grande propension à s'occuper de l'éducation de la jeunesse; il avait un frère aîné nommé Pierre, qui, après quelques années de mariage, se trouvait chargé d'une nombreuse famille. A l'âge de vingt-huit ans, M. Olivier obtint une cure dans un gros bourg, près de Poitiers, et alors il demanda à son frère de lui envoyer ses deux fils aînés, lui proposant de les garder près de lui et de les instruire. Afin de déguiser le service qu'il voulait rendre à sa famille, il ne parlait guère dans sa lettre que du vif plaisir qu'il se promettait dans la société de deux enfans aussi aimables que Philibert et Alexandre, ses deux neveux.

M. Pierre Olivier s'empressa de déférer à la demande de son frère, car il savait ne pouvoir rien faire de plus avantageux pour ses fils que de leur donner un instituteur bon, savant et pieux comme leur oncle.

Les deux enfans arrivèrent au presbytère, et M. Olivier fut charmé de l'air de ses élèves; ils étaient doux, bien élevés, et déjà possédaient quelques connaissances. De leur côté, ceux-ci se plurent beaucoup avec un maître qui savait exciter sans cesse leur attention, piquer leur curio- sité, et enfin leur rendre l'é- tude facile et agréable.

Dans toutes les leçons que l'abbé Olivier donnait à ses

neveux, il remontait à la
cause première; quand il leur
faisait admirer les beautés de
la nature, le lever du soleil,
le ciel, qui pendant la nuit
s'illumine de mille feux, il
leur rappelait que l'auteur
de ces merveilles c'est Dieu.
Il leur disait souvent que plus
l'homme est savant, plus il
trouve de motifs d'admirer
la bonté et la puissance du
créateur; car, la science démontre que dans la nature
rien n'existe en vain; que les
choses qui nous semblent au
premier aspect nuisibles ou
inutiles, sont souvent les
preuves les plus convaincan-

tes de l'intelligence infinie qui a présidé à la création.

Dans les premiers jours du printemps, l'oncle et les deux neveux étaient, vers le soir, à se promener au milieu des champs. Philibert et Alexandre regardaient défiler devant eux un beau troupeau de moutons. L'oncle leur expliquait quel usage on fait de la laine, et leur apprenait à admirer la prévoyance admirable qui, à l'approche de l'hiver, rend plus épaisse la fourrure ou la toison des animaux, afin de les mieux garantir des frimas.

En causant ainsi, ils vinrent à passer devant un gros buisson d'aubépine, et Philibert, en s'en approchant un peu trop, eut la figure légèrement égratignée par une branche qui avançait sur le chemin; il s'écria avec impatience :

— Ah! mon Dieu, pourquoi y a-t-il des buissons pleins d'épines, qui viennent ainsi déchirer la figure des passans?

— Comment ! Philibert , répondit son oncle, tu voudrais que les buissons se dérangeassent pour te faire place?

— Je ne suis pas si exigeant, mais je voudrais que l'on me dit à quoi sont bonnes les épines qui m'égratignent! et voyez, ce n'est pas à moi seul qu'elles font du mal! toutes leurs branches du bas sont chargées de flocons de laine, que les moutons se sont laissé enlever par ces méchantes pointes.

— Vraiment, Philibert, je crois que tu as raison, dit à son tour Alexandre, les buissons sont des brigands qui attendent les gens sur les chemins pour verser leur sang ou les voler; ce serait, je crois, faire une bonne œuvre que de les détruire.

— Une bonne œuvre, mon cher neveu! le croyez-vous? Alors je suis des vôtres; il est trop tard ce soir pour la commencer; mais demain matin nous nous lèverons au point du jour pour nous mettre à détruire ces méchans buissons. Nous ferons bien de ne pas perdre de temps, car il me semble qu'il y en a beaucoup et partout.

Les deux enfans furent étonnés de cet assentiment; toutefois leur attention fut bientôt détournée, et ils ne pensèrent plus aux épines.

Le lendemain matin leur oncle les fit lever dès l'aurore

— Partons, disait-il, prenez chacun une serpe et al-
lons abattre tous les buissons
épineux, qui ne sont bons à
rien.

Alexandre et Philibert se
hâtèrent quoiqu'un peu sur-
pris, et suivirent leur oncle.
En arrivant en haut d'une
colline, ils aperçurent les
buissons qui avaient excité la
mauvaise humeur de Phili-
bert; c'était une partie de la
clôture d'un vaste champ de
blé, dont la tendre verdure
ressemblait à un tapis de couleur d'émeraude. L'aubépine
qui formait les haies en grande partie, était alors tout en

fleurs, et formait d'immenses bouquets, embaumant au loin la campagne.

— Eh bien! Philibert, dit M. Olivier, voilà ton ennemi : en avant! marche!

— Mon oncle, j'ai scrupule de détruire des arbustes aussi jolis.

— Puisqu'ils te sont nuisibles, à toi, aux moutons, à tout le monde.

— Quant à moi, j'aurais dû me déranger, je ne me plains plus.

— Au fait, je crois, comme toi, que tu as crié sans motif sérieux ; tu pouvais te détourner d'un buisson, comme de

tout autre objet inanimé ;
mais les moutons, les pauvres moutons, dont les buissons volent la laine! il faut
songer à eux, ils n'ont pas
l'instinct de se défendre contre de telles attaques! Avan-
çons donc, et préparez vos
serpes.

En approchant de la haie,
les enfans y virent un grand
nombre d'oiseaux. Les uns
prenaient dans leur bec un
brin de la laine restée aux
buissons et s'envolaient; les
autres se disputaient un petit
flocon, chacun en attrapait
sa part et suivait les premiers,
puis revenait; enfin les oiseaux

faisaient si bien qu'il ne res-
tait presque plus de laine aux
buissons.

— Ah! mon frère, vois
donc, disait Alexandre; les
oiseaux mangent-ils donc la
laine?

— Je crois que c'est pour
leur nid qu'ils viennent la
recueillir.

— C'est donc à présent que
les oiseaux construisent leur
nid, Philibert?

— Oui, vraiment, et cela
me fait naître une idée; dites-
moi, mon oncle, les moutons
laissent-ils ainsi, en tout
temps, de la laine aux buissons?

— Non, mon ami, c'est seulement après le temps froid, lorsque leur toison est près de se dégarnir.

— Oh! mon oncle, maintenant je reconnais ma faute; hier j'oubliais vos leçons quand je supposais que Dieu pouvait avoir fait quelque chose sans but et sans utilité! Oui, les buissons sont une œuvre bien touchante! s'ils recueillent cette laine qui devient inutile aux brebis, c'est pour la donner aux oiseaux, afin que leurs nouveaux nés aient chaud et soient mollement couchés dans leur nid.

— En ce moment arriva le

fermier auquel appartenait le champ de blé que les buissons entouraient; il salua son curé respectueusement, lui souhaita le bonjour, puis il demanda ce qui l'amenait de si bon matin dans les champs. M. Olivier lui conta, en souriant, l'aventure, et termina en lui disant pour quelle raison ses neveux avaient renoncé à leur projet.

— Vos motifs sont très-bons, mes petits messieurs, dit le fermier, cependant permettez-moi de vous dire qu'il y en a de meilleurs à y ajouter.

Non-seulement les buis-

sons sont agréables à voir et
GÉNÉREUX pour les petits oiseaux; mais encore ils sont
pour les hommes de la plus
grande utilité. Voyez la haie
qui entoure ce champ de blé,
il ne pourrait y passer un
lapin, aussi le blé n'est man-
gé ni par les bêtes fauves, ni
par les bestiaux; mon jardin
n'a pas d'autre enceinte, et
elle le défend mieux qu'un
mur. Ah! les buissons d'épines sont un grand bienfait
de la Providence pour les
gens de la campagne; ils forment des clôtures excellentes
qui ne coûtent presque rien,
qui s'améliorent chaque an-

née et qui donnent même un peu de bois.

Cette leçon s'est gravée pour toujours dans le cœur d'Alexandre et de Philibert; jamais ils n'ont oublié que toute œuvre de Dieu a son utilité, évidente ou cachée.

CAROLINE.

MADAME P..., jeune femme aussi distinguée par les grâces et la tournure piquante de son esprit, que par la délicatesse de ses sentimens et la force de son caractère, reprenait un jour Pauline sa fille aînée, d'une légèreté bien pardonnable à son âge,

Pauline, touchée de la douceur que sa mère mettait dans ses reproches, versait des larmes de repentir et d'attendrissement. Caroline, âgée alors de trois ans, voyant pleurer sa sœur, grimpe sur les barreaux d'une chaise pour atteindre jusqu'à elle, d'une main prend son mouchoir dont elle lui essuie les yeux, et de l'autre lui glisse dans la bouche un bonbon qu'elle roulait dans la sienne. Il me semble que M. Greuse pourrait faire un tableau charmant de ce sujet.

FIN.

TABLE

FIN DE LA TABLE.

LIMOGES ET ISLE,
Imp. MARTIAL ARDANT FRÈRES.

BIBLIOTHÈQUE RELIGIEUSE
PARIS